SHUKONG JIAGONG ZHONGXIN

数控加工中心

主　编◎严世祥　李德刚　马　伟

副主编◎欧鸿斌　曹燕丽　彭　锦　杨　健

参　编◎李维国　范筱斌　杨森宇　周巧玲
　　　　吕中凯　周俊言　谭柏村　刘小容

重庆大学出版社

图书在版编目（CIP）数据

数控加工中心／严世祥，李德刚，马伟主编. -- 重
庆：重庆大学出版社，2020.10
ISBN 978-7-5689-1915-9

Ⅰ.①数… Ⅱ.①严… ②李… ③马… Ⅲ.①数控机
床加工中心—中等专业学校—教材 Ⅳ.①TG659

中国版本图书馆 CIP 数据核字（2019）第 274109 号

数控加工中心

主 编 严世祥 李德刚 马 伟
副主编 欧鸿斌 曹燕丽 彭 锦 杨 健
策划编辑：章 可

责任编辑：李定群 版式设计：章 可
责任校对：谢 芳 责任印制：赵 晟

＊

重庆大学出版社出版发行
出版人：饶帮华
社址：重庆市沙坪坝区大学城西路 21 号
邮编：401331
电话：（023）88617190 88617185（中小学）
传真：（023）88617186 88617166
网址：http：//www.cqup.com.cn
邮箱：fxk@ cqup.com.cn（营销中心）
全国新华书店经销
重庆升光电力印务有限公司印刷

＊

开本：787mm×1092mm 1/16 印张：14.25 字数：331 千
2020 年 10 月第 1 版 2020 年 10 月第 1 次印刷
ISBN 978-7-5689-1915-9 定价：36.00 元

本书如有印刷、装订等质量问题，本社负责调换
版权所有，请勿擅自翻印和用本书
制作各类出版物及配套用书，违者必究

# Preface 前言

近年来,随着我国职业教育的快速发展,教育教学改革如火如荼地向前推进,"以服务为宗旨,以就业为导向,以能力为本位,加强实践教学,着力促进知识传授与生产实践的紧密衔接;着力培养学生的职业道德、职业技能和就业创业能力"等观点已成为人们的共识。编者在编写中按照"模拟工厂"基于工作过程导向的理实一体化模式,对教学方法和过程进行了详细的设计;在总结教学经验和企业岗位标准、规范、企业文化和质量管理等基础上,以职业学校专业方向课程内容与职业标准相衔接及教材对接技能为切入点开展教材编写。本书主要特点如下:

(1)选用 FANUC 系统以及校企合作单位重庆市东科模具有限公司三菱 M80/M800 数控系统作为数控铣床或加工中心编程等的依据,自动编程项目中讲述了 UG 软件编程的操作方法。

(2)按照职业技能形成的过程设计单元和任务,即按照数控铣床(加工中心)加工基础、零件手工编程训练、自动编程训练、中级工技能考核、高级工技能考核的顺序进行。每个任务都包含任务目标、任务描述、任务准备、任务实施、任务考评等部分。

(3)按照相应职业岗位的能力要求,强化理论实践一体化,突出"做中学、做中教"的职业教育教学特色,采用了分层次选学任务。

(4)理论教学以技能培训为宗旨,注意培养学生的动手能力、分析问题和解决问题的能力,以适应数控技术快速发展带来的职业岗位变化,为学生的可持续发展奠定基础。

(5)在任务实施中,不仅关注学生对知识的理解、技能的掌握和能力的提高,更重视规范操作、安全文明生产、职业道德等职业素质的形成,以及节约能源、节省原材料与爱护工具设备、保护环境等意识与观念的树立。

(6)任务考评坚持结果评价和过程评价相结合、定量评价和定性评价相结合、教师评价和学生自评相结合,注重学生的参与。

由于编者水平有限,书中难免存在疏漏和不足,希望同行专家和读者批评指正。

编　者

2020 年 9 月

Contents 目录

项目一　加工中心编程基础

任务一　数控编程概述

【任务目标】

- 了解数控编程基本概念；
- 认识加工中心的类型；
- 掌握数控编程的基本内容和主要步骤；
- 掌握数控机床坐标系和工件坐标系的确定方法；
- 熟悉车间安全规定，养成自我安全防范意识；
- 清扫卫生，维护机床，收工具。

【任务描述】

　　加工中心是一种集铣削、钻削、铰削、镗削、攻螺纹和切螺纹等多种工艺手段于一体的数控机床，具有许多显著的工艺特点。为了更好地学习和操作加工中心，首先要熟悉加工中心的基本概念及特点。

【任务准备】

1.场地和设备准备

①数控车间。
②数控铣床(加工中心)。

2.用品和器材准备

劳动防护用品、常用医药器材。

【相关知识】

一、数控编程的概念

在加工零件前,首先要根据零件图样,分析零件如何才能在数控机床上被加工出来;然后抽取零件的加工信息(包括零件的加工顺序,工件与刀具的相对运动轨迹、方向、位移量,工艺参数如主轴转速、进给量、切削深度等,辅助操作如主轴变速、刀具交换、冷却液开关、工件夹紧松开等),再按一定的格式,用规定的代码编写加工程序单,并将程序单的内容记录在程序介质上;最后传送至数控装置,从而控制数控机床进行加工。从分析零件图样开始到编写零件加工程序并制作控制介质的过程,称为数控编程。

二、数控编程的内容与方法

1.数控编程内容

数控机床的程序编制主要包括分析零件图样、工艺处理、数学处理、编写程序清单、程序输入、程序校验及首件试切。因此,数控程序编制也就是由分析零件图样到首件试切的全部过程,如图 1-1-1 所示。

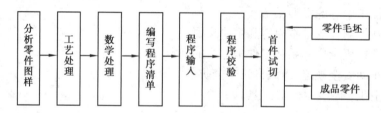

图 1-1-1　数控编程的步骤

1)分析零件图样

分析零件的材料、形状、尺寸、精度、毛坯形状及热处理等。

2)工艺处理

确定数控加工工艺过程时,在遵循一定的工艺原则的基础上,确定加工方案、加工顺序,设计夹具,选择刀具,确定走刀路线、切削用量等,并正确选择对刀点及切入方式。

3)数学处理

建立工件坐标系,确定刀具的运动路线,对直线要计算起点、终点坐标,对圆弧要计算起点、终点、圆心坐标、半径值,还要计算几何元素的交点、切点坐标以及刀具中心运动轨迹坐标(复杂零件或不规则零件的坐标点不好找,可借助 CAD 画图求出)。

4)编写程序清单

编写程序清单即按一定的格式,用规定的代码逐段编写加工程序。另外,还要填写相关的工艺文件,包括数控加工工序卡片、数控刀具卡片、机床调整单等。

5)程序输入

以前用穿孔带作为介质,通过纸带阅读机送入数控系统。现在可直接用键盘输入,或在计算机中编好后通过相应的软件及接口传入程序。

6）程序校验和首件试切

程序校验和首件试切属于数控编程的检查步骤。检查方法可以是机床空运转，或通过图形显示刀具轨迹，或通过动态模拟刀具与工件的加工过程。要检查被加工零件的加工精度和表面粗糙度，则必须进行首件试切，如发现问题，可及时采取措施加以纠正。

在具有图形显示功能的机床上，用静态显示（机床不动）或动态显示（模拟工件的加工过程）的方法，则更为方便。上述方法只能检查运动轨迹的正确性，不能判别工件的加工误差。因此，要进行首件试切检查程序单是否有错，还能知道加工精度是否符合要求。

2.数控编程方法

数控加工程序的编制方法主要有以下两种：

1）手工编程

手工编程是指主要由人工来完成数控编程中各个阶段的工作。一般对几何形状不太复杂的零件，其所需的加工程序不长，计算较简单，用手工编程较合适。

手工编程的特点：耗费时间较长，容易出现错误，无法胜任复杂形状零件的编程。据国外资料统计，当采用手工编程时，一段程序的编写时间与其在机床上运行加工的实际时间之比，平均约为 30∶1，而数控机床不能开动的原因中有 20%～30%是加工程序编制困难，编程时间较长。

2）自动编程

自动编程也称计算机辅助编程，即程序编制工作的大部分或全部由计算机完成，如完成坐标值计算、编写零件加工程序单等，有时甚至能进行工艺处理。例如，使用Mastercam，CAXA，UG 等软件可先画出零件的二维图或三维实体图，设置好加工参数、路径，可自动生成加工程序。自动编程编出的程序还可通过计算机或自动绘图仪进行刀具运动轨迹的检查，编程人员可及时检查程序是否正确，并及时修改。自动编程大大减轻了编程人员的劳动强度，提高效率几十倍乃至上百倍，同时解决了手工编程无法解决的许多复杂零件的编程难题。工作表面形状越复杂，工艺过程越烦琐，自动编程的优势越明显。

自动编程的主要类型有数控语言编程（如 APT 语言）、图形交互式编程（如 CAD/CAM 软件）、语音式自动编程和实物模型式自动编程等。

三、数控机床的坐标系

1.数控铣床（加工中心）坐标轴和运动方向

为了确定机床各运动部件的运动方向和移动距离，需要在机床上建立一个坐标系，这个坐标系称为机床坐标系。

机床坐标系是以机床原点为坐标原点建立的坐标系。机床原点又称机械原点，是机床上的一个固定点，其位置是由机床设计和制造单位确定的，通常不允许用户改变。数控车床的机床原点一般为主轴回转中心与卡盘后端面的交点。数控铣床的机床原点定义在 X 轴、Y 轴和 Z 轴正方向运动到达的极限位置，如图 1-1-2 所示。

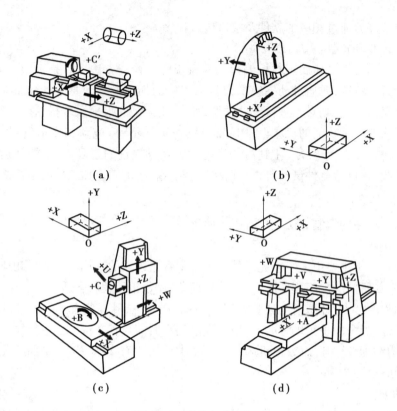

图 1-1-2　数控机床坐标系

1）先确定 Z 轴

以平行于机床主轴的刀具运动坐标为 Z 轴,若有多根主轴,则可选垂直于工件装夹面的主轴为主要主轴,Z 坐标则平行于该主轴轴线。若没有主轴,则规定垂直于工件装夹面的坐标轴为 Z 轴,Z 轴正方向是刀具远离工件的方向。如立式铣床,主轴箱的上下即可定为 Z 轴,且是向上为正;若主轴不能上下动作,则工作台的上下便为 Z 轴,此时工作台向下运动的方向定为正向。

2）再确定 X 轴

X 轴为水平方向且垂直于 Z 轴并平行于工件的装夹面。在工件旋转的机床(如车床、外圆磨床)上,X 轴的运动方向是径向的,与横向导轨平行。刀具离开工件旋转中心的方向是正方向。对刀具旋转的机床,若 Z 轴为水平(如卧式铣床、镗床),则沿刀具主轴后端向工件方向看,右手平伸出方向为 X 轴正向;若 Z 轴为垂直(如立式铣、镗床,钻床),则从刀具主轴向床身立柱方向看,右手平伸出方向为 X 轴正向。

3）最后确定 Y 轴

在确定了 X,Z 轴的正方向后,即可按右手直角笛卡儿定则定出 Y 轴正方向。

4）A,B,C 的确定

围绕 X,Y,Z 坐标旋转的旋转坐标分别用 A,B,C 表示。根据右手螺旋定则,大拇指的指向为 X,Y,Z 坐标中任意轴的正向,则其余四指的旋转方向即为旋转坐标 A,B,C 的正向,如图 1-1-3 所示。

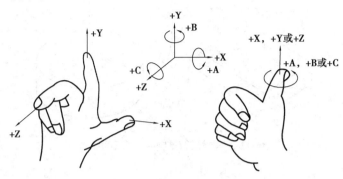

图 1-1-3 右手直角笛卡儿坐标系

2.机床参考点

机床参考点是机床位置测量系统的基准点,其位置由机床制造厂家在每个进给轴上用行程开关精确调整,通常位于机床正向极限位置。机床参考点与机床原点的距离由系统参数设定。如果其值为零,则表示机床参考点和机床原点重合;如果其值不为零,则机床开机回参考点后显示的机床坐标系的值即为系统参数中设定的距离值,也就是参考点在机床坐标系中的坐标值。

对于采用增量式位置测量系统的铣床来说,开机后必须回到参考点。因为这类机床关机断电时,并不保存坐标系信息,必须通过开机后回到参考点,使机床找到自己的机床坐标系,并确定机床原点的位置。

3.工件坐标系

工件坐标系也称编程坐标系,是编程人员根据零件图样及加工工艺等在工件上建立起来的坐标系,是编程时的坐标依据。为保证编程与机床加工的一致性,工件坐标系也应符合右手直角笛卡儿坐标系。工件装夹到机床上时,应使工件坐标系与机床坐标系的坐标轴的方向保持一致。

工件坐标系的原点称为工件原点,也称编程原点。其位置是由编程人员确定的。不同的编程人员根据不同的编程目的,可对同一工件定义不同的编程原点,而不同的编程原点也会造成程序坐标值的不同。

一般工件原点的设置应遵循下列原则:

①工件原点应尽可能选择在工件的设计基准和工艺基准上,以方便编程。

②工件原点应尽量选在尺寸精度高、表面粗糙度值小的工件表面上。

③工件原点最好选在工件的对称中心上。

④要便于测量和检验。

如图 1-1-4 所示,在数控铣床中,Z 轴的原点一般设定在工件的上表面。对对称工件,X,Y 轴的原点一般设定在工件的对称中心。对非对称工件,X,Y 轴的原点一般设定在工件的某个棱角上。

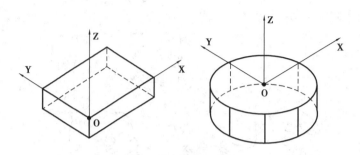

图 1-1-4 数控铣床工件坐标系的原点

四、加工中心分类

加工中心是在数控铣床的基础上加上刀库及自动换刀装置或多个工作台,集数控铣床、数控镗床、数控钻床的功能于一体的一种由计算机来控制的高效、高自动化程度的机床。

加工中心按照换刀的形式,可分为带刀库的加工中心、带机械手的加工中心、无机械手的加工中心及回转刀架式的加工中心;按其运动坐标数和控制坐标的联动数,可分为三轴二联动、三轴三联动、四轴三联动、五轴四联动及六轴五联动加工中心等。常用分类方法是按机床结构进行分类的,一般可分为立式加工中心、卧式加工中心、龙门式加工中心及万能加工中心等。

1.立式加工中心

立式加工中心是指主轴轴线为垂直状态设置的加工中心。其结构形式多为固定立柱式,工作台为长方形,无分度回转功能,主要适合加工板材类、壳体类工件,也可用于模具加工。一般具有 3 个直线运动坐标,如果在工作台上安装一个水平轴的数控回转台,还可加工螺旋线类零件,如图 1-1-5 所示。

立式加工中心装夹方便,便于操作,易于观察加工情况,调试程序容易,结构简单,占地面积小,价格相对较低,应用广泛。

图 1-1-5 立式加工中心

图 1-1-6 卧式加工中心

2.卧式加工中心

卧式加工中心是指主轴轴线为水平状态设置的加工中心,如图 1-1-6 所示。卧式加工中心一般具有3~5个运动坐标。常见的是3个直线运动坐标加1个回转运动坐标。它能使工件在一次装夹后完成除安装面和顶面以外的其余4个面的加工,最适合加工箱体类零件及小型模具型腔。卧式加工中心与立式加工中心比较,加工时排屑容易,对加工有利,但结构复杂,占地面积大,价格也较高,适用于批量生产。

3.龙门式加工中心

如图1-1-7所示为龙门式加工中心。龙门式加工中心的主轴多为垂直设置,除带有自动换刀装置外,还带有可更换的主轴头附件,数控装置的软件功能较齐全,能一机多用,尤其适用于大型或形状复杂的工件,如航天工业中飞机的梁、框板及大型汽轮机上的某些零件的加工。

图1-1-7 龙门式加工中心

图1-1-8 复合加工中心

4.万能加工中心(复合加工中心)

它具有立式和卧式加工中心的功能,工件在一次装夹后能完成除安装面外的所有侧面和顶面5个面的加工。常见的万能加工中心有两种形式:一种是主轴可旋转90°,既可像立式加工中心那样工作,也可像卧式加工中心那样工作;另一种是主轴不改变方向,工作台可带着工件旋转90°,完成对工件5个表面的加工。

复合加工中心主要适用复杂外形、复杂曲线的小型工件的加工,如加工螺旋桨叶片及各种复杂模具。但是,由于复合加工中心存在结构复杂、造价高、占地面积大等缺点,因此,它的使用和生产在数量上远不如其他类型的加工中心,如图1-1-8所示。

五、加工中心的安全操作规程

①工作时,穿戴好工作服、安全鞋,否则不允许进入车间。衬衫要系入裤内,工作服衣、领、袖口要系好;不允许穿凉鞋、拖鞋、高跟鞋、背心、裙子以及戴围巾进入车间,以免发生烫伤;禁止戴手套操作机床,长发要戴帽子。

②所有实训步骤必须在实训教师指导下进行,未经实训教师同意,不准开动机床。

③机床运行期间,严禁离开工作岗位,不得做与操作无关的事情。严禁在车间内嬉戏、打闹。机床运行时,严禁在机床之间穿梭。

④应在指定的机床上进行训练。未经允许,其他机床设备、工具或电器开关等均不得乱动。

⑤某一项工作如需要两人或多人共同完成时,应注意相互之间的协调一致。

⑥加工零件时,必须关上防护门,严禁把头、手伸入防护门内。加工过程中,严禁私自打开防护门。

⑦禁止用手或其他任何方式接触正在旋转的主轴、工件或其他运动部位;禁止用手接触刀尖和铁屑,铁屑必须要用铁钩子或毛刷来清理。

⑧数控铣床(加工中心)属于大型精密设备,除工作台上安放工装和工件外,机床上严禁堆放任何工具、夹具、刀具、量具、工件及其他杂物。

⑨加工过程中,操作者不得擅自离开机床,应保持思想高度集中,观察机床的运行状态。若发生不正常现象或事故时,应立即终止程序运行,切断电源并及时报告指导老师,不得进行其他操作。

⑩操作人员不得随意更改机床内部参数。实训学生不得调用、修改非自己所编的程序。

⑪正确选用铣削用量及刀具,严格按照实训指导书推荐的铣削用量及刀具进行操作。

⑫刀柄插入主轴前,刀柄表面及主轴孔内,必须擦拭干净,不得有油污。

⑬在程序运行中须暂停测量工件尺寸时,要待机床完全停止、主轴停转后方可进行测量,以免发生人身事故。

⑭关机时,要等主轴停转 3 min 后方可关机。

【任务实施】

一、学习车间安全标识

在实习指导教师的带领下进入数控车间,通过参观数控车间各处张贴的安全标识,找出数控车间存在的危险源所在位置,并填入表 1-1-1 的空白处。

表 1-1-1　车间安全标识

注意安全	当心触电	当心滑倒	当心电缆
当心吊物	当心伤手	当心夹手	当心机械伤人

二、通过学习加工中心安全操作规程,完成题目

1.工作服的穿戴标准

_____

_____

_____

2.工作帽和眼镜的佩戴标准

_____

_____

_____

三、分辨加工中心(数控铣床)的种类

参观数控实训车间,结合表 1-1-2 中的图例,分辨并填写它们的种类和数量。实训车间内没有的只填写种类名称,数量一栏填"无"。

表 1-1-2　加工中心(数控铣床)的种类及数量

图　例	种　类	数　量

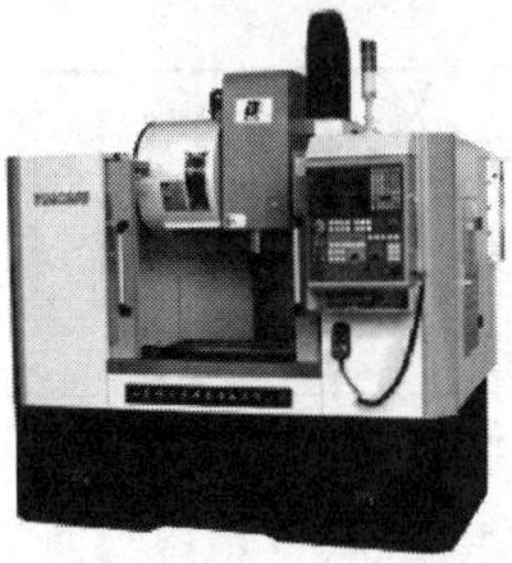		

续表

图 例	种 类	数 量

【任务考评】

评价标准见表 1-1-3。

表 1-1-3 评价标准

任务名称						任务编号		
班 级			姓 名			学 号		
评价项目		评价标准		评价结果				分项评分
			优	良	中	差		
考勤	迟到	无迟到、早退、旷课现象	5	4	3	0		
	早退		5	4	3	0		
	旷课		5	4	3	0		

评价项目		评价标准	评价结果				分项评分
			优	良	中	差	
工作任务完成情况	着装规范	着装整齐规范	10	8	5	0	
	辨识加工中心类型	正确地识别加工中心(铣床)类别,并做好记录	20	15	10	0	
	坐标系认识	能清楚机床原点、参考点和工件原点的概念和位置	10	8	5	0	
	职业素质	在工作中态度端正,精神面貌,团结协作,遵守安全操作规程,无安全事故;及时保养、维护和清扫设备	15	10	5	0	
任务报告	完成时间	按时完成	15	10	5	0	
	报告环节	内容正确,任务(项目)报告环节完整,书写整齐、字体工整	15	10	5	0	
合　计			100				

【任务训练】

1.加工中心的机床原点、工件原点、参考点通常设置在什么位置?

2.加工中心与铣床的区别是什么?

3.加工中心的类型有哪几种?它们各自的特点是什么?

任务二　数控编程基础知识

【任务目标】

- 掌握加工程序的基本组成、程序的基本结构和类型;
- 熟悉常用的 G 代码的格式及含义;
- 熟悉 G 代码的分类及组别。

【任务描述】

下面加工程序存在哪些问题?一般加工程序都包括哪些内容?完整的程序由哪几部分组成?

```
%1000
N01   G00   X50   Y60
N10   G01   G00   X100   Y500   S300   M03
N05   Z5   F150
N20   …
      ⋮
N200   M02
```

数控加工程序表达的是数控加工的整个过程,要熟悉程序的内容,必须熟知程序的格式、常用的代码等。

【任务准备】

场地、设备及学习资料准备如下:
①数控实训车间或仿真室。
②数控铣床或加工中心、三菱 M80 系统。
③学习资料:加工中心操作说明书、加工中心安全操作手册。

【相关知识】

一、程序结构

为了满足设计、制造、使用和维修的需要,在输入代码、坐标系统、加工指令及程序段格式方面,国际上已形成了两种通用的标准:国际标准化组织(ISO)标准和美国电子工业学会(EIA)标准。由于数控机床生产厂家使用标准不完全统一,使用代码、指令含义也不完全相同,因此,需参照机床编程手册编写零件加工程序单。

一个完整的数控加工程序是由若干程序段组成的;每个程序段由序号、若干代码字和结束符号组成,并且是能按照一定顺序排列,能使数控机床完成某特定动作的一组指令;每个指令都是由地址字符和数字所组成的。

1.程序格式(三菱 M80/M800 系统)

加工程序的一般格式举例:

%	开始符
O2000	程序名
N10 G54 G00 X10.0 Y20.0 M03 S1000;	程序主体
N20 G01 X60.0 Y30.0 F100 T02 M08;	
N30 X80.0;	
⋮	
N200 M30;	程序结束
%	结束符

1）程序开始符、结束符

程序开始符、结束符是同一个字符"%"，书写时要单列一段。

在 NC 上创建程序时，会自动附加"%"。在外部设置上创建程序时，务必在程序开头和结束加入"%"。

2）程序名

程序编号是指根据主程序或子程序单位进行程序分类的编号，通过地址"O"和其后最多 8 位的数字指定程序编号。程序编号必须位于程序的开头。

3）程序主体

程序主体是由若干个程序段组成的，每个程序段一般占一行。

4）程序结束

程序结束可用 M02 或 M30 指令，一般要求单列一段。

2.程序段格式

一个数控加工程序是由若干个程序段组成的。程序段格式是指程序段中的字、字符和数据的安排形式。

程序段格式举例：

N30　G01　X88.1　Y30.2　F500　S3000　T02　M08；

在程序段中，必须明确组成程序段的各要素。

顺序号：由 N 及其后数字构成。

沿怎样的轨迹移动：准备功能字 G。

移动目标：终点坐标值 X，Y，Z。

进给速度：进给功能字 F。

切削速度：主轴转速功能字 S。

使用刀具：刀具功能字 T。

机床辅助动作：辅助功能字 M。

在程序段末尾加入表示程序段结束的记录终止符（EOB，为了方便，用"；"表示）。

二、指令系统

加工中心的指令系统包含轨迹控制、辅助动作控制和切削参数控制等功能。按这些功能，可将指令分为准备功能 G 指令、进给功能 F 指令、辅助功能 M 指令、刀具功能 T 指令及主轴功能 S 指令。

1.准备功能 G 指令

准备功能 G 指令主要完成刀具轨迹的控制，规定机床的运动方式和加工前数控系统的准备内容等。

G 代码是用于规定程序内各程序段动作模式的指令。

G 代码分为模态指令与非模态指令。

模态指令是指在组内的 G 代码中，指定始终作为 NC 动作模式的 1 个 G 代码指令。

在指定取消指令或是同组内其他 G 代码之前,保持该动作模式。

非模态指令是指仅在指定时才作为 NC 动作模式的指令。对下一个程序段无效。

2.进给功能 F 指令

进给功能 F 指令用来指明切削过程中的进给速度。它由字母 F 和后面的数字组成,为模态指令。

进给速度的单位有每分钟进给速度(mm/min)和每转进给速度(mm/r)两种。每分钟进给速度适用于数控铣床,是加工中心默认的。

> **注意:**
>
> 切削加工时的实际进给速度还可由机床操作面板上的进给倍率调节旋钮来控制。

3.辅助功能 M 指令

辅助功能 M 指令主要完成数控加工中辅助动作的控制和程序控制。它由字母 M 和其后的两位数字组成,从 M00 到 M99,不带任何参数。数控程序中,通常一个程序段中只允许一个 M 指令有效。常用的 M 指令见表 1-2-1。

表 1-2-1　常用 M 指令说明

M 指令	功　　能	M 指令	功　　能
M00	程序停止	M11	第 4 轴松开
M01	程序选择停止	M19	主轴定向/停止
M02	程序结束	M26	冲屑开
M03	主轴正转	M27	冲屑关
M04	主轴反转	M30	程序结束并返回程序头
M05	主轴停止	M61	交换工作台 B
M06	自动换刀	M62	交换工作台 A
M07	气冷却开	M74	允许手动交换工作台
M08	切削液开	M98	调用子程序
M09	切削液关	M99	子程序结束并返回主程序
M10	第 4 轴夹紧		

4.刀具功能 T 指令

刀具功能 T 指令是用来选择刀具的。它由字母 T 和后面的数字组成。例如,T2 表示选择了机床上的 2 号刀具。由于数控铣床上只能安装一把刀具,因此,在程序中不用 T 指令,而加工中心的刀库中可安装多把刀具,故编程时会用到 T 指令。

5.主轴功能 S 指令

主轴功能指令用来指明切削过程中的主轴转速。它由字母 S 和后面的数字组成。例如,S1500 表示主轴转速为 1 500 r/min。

主轴功能指令为模态指令,一经执行一直有效。

> **注意:**
> 切削加工时的实际主轴转速还可由机床操作面板上的主轴倍率调节旋钮来控制。

三、常用 G 代码(三菱 M80/M800 系统)

1.G 指令一览表(见表1-2-2)

表 1-2-2 G 指令一览表

G 指令	组	功　能
△ 00	01	定位
△ 01	01	直线插补
02	01	圆弧插补 CW R 指定圆弧插补 CW 螺旋插补 CW 涡轮/圆锥插补 CW(类型 2)
03	01	圆弧插补 CCW R 指定圆弧插补 CCW 螺旋插补 CCW 涡轮/圆锥插补 CCW(类型 2)
02.1	01	涡轮/圆锥插补 CW(类型 1)
03.1	01	涡轮/圆锥插补 CCW(类型 1)
02.3	01	指数函数插补　正转
03.3	01	指数函数插补　反转
02.4	01	三维圆弧插补 CW
03.4	01	三维圆弧插补 CCW
04	00	暂停(时间指定)

续表

G 指令	组	功　能
05	00	高速加工模式 高速高精度控制Ⅱ
08	00	高精度控制
09	00	精确停止检查
10	00	可编程补偿输入 可编程参数输入 参数坐标旋转输入 刀具寿命管理数据输入
11	00	取消(可编程补偿输入/可编程参数输入/参数坐标旋转输入/刀具寿命管理数据输入)
12	00	圆切削 CW
13	00	圆切削 CCW
12.1 112	21	极坐标插补　开启
＊13.1 113	21	极坐标插补　取消
＊15	18	极坐标指令　关闭
16	18	极坐标指令　开启
△17	02	平面选择 X-Y
△18	02	平面选择 Z-X
△19	02	平面选择 Y-Z
△20	06	英制指令
△21	06	公制指令
22	04	移动前行程检查　开启
23	04	移动前行程检查　取消
27	00	参考点检查
28	00	参考点返回
29	00	开始位置返回

续表

G 指令	组	功　能
30	00	第 2—4 参考点返回
31	00	跳跃/变速跳跃 多段跳跃 2
33	01	螺纹切削
34	00	特别固定循环(螺栓孔循环)
35	00	特别固定循环(角度直线)
36	00	特别固定循环(圆弧)
37	00	自动刀长测量
38	00	刀径补偿矢量指定
39	00	刀径补偿转角圆弧
＊40	07	刀径补偿取消
41	07	刀径补偿　左
42	07	刀径补偿　右
43	08	刀长补偿(+)
44	08	刀长补偿(-)
45	00	刀具位置补偿(伸长)
46	00	刀具位置补偿(缩短)
47	00	刀具位置补偿(伸长 2 倍)
48	00	刀具位置补偿(缩短一半)
＊49	08	刀长补偿取消 刀具轴方向刀长补偿 刀尖点控制取消
＊50	11	比例缩放　取消
51	11	比例缩放　开启
＊50.1	19	G 指令镜像　取消
51.1	19	G 指令镜像　开启

续表

G 指令	组	功 能
52	00	局部坐标系设定
53	00	基本机床坐标系选择
*54	12	工件坐标系 1 选择
55	12	工件坐标系 2 选择
56	12	工件坐标系 3 选择
57	12	工件坐标系 4 选择
58	12	工件坐标系 5 选择
59	12	工件坐标系 6 选择
54.1	12	扩展工件坐标系 选择
54.4	27	工件设置误差补偿
60	00(01)	单向定位
61	13	精确停止检查模式
61.1	13	高精度控制 开启
61.2	13	高精度样条曲线
62	13	自动转角倍率
63	13	攻丝模式
*64	13	切削模式
65	00	用户宏程序 单纯调用
66	14	用户宏程序 模态调用
*67	14	用户宏程序 模态调用 取消
68	16	程序坐标旋转模式 开启
*69	16	程序坐标旋转模式 关闭
73	09	固定循环(步进)
74	09	固定循环(反向攻丝)
75	09	固定循环(圆切削)

续表

G 指令	组	功　　能
76	09	固定循环(精镗孔)
＊80	09	固定循环取消
81	09	固定循环(钻孔/点孔)
82	09	固定循环(钻孔/反向镗孔)
83	09	固定循环(深钻孔/小径深钻孔)
84	09	固定循环(攻丝)
85	09	固定循环(镗孔)
86	09	固定循环(镗孔)
87	09	固定循环(背镗孔)
88	09	固定循环(镗孔)
89	09	固定循环(镗孔)
△90	03	绝对值指令
△91	03	增量值指令
92	00	坐标系设定
93	05	反比时限进给
△94	05	每分钟进给(非同步进给)
△95	05	每转进给(同步进给)
△96	17	恒表面速度控制　开启
△97	17	恒表面速度控制　关闭
＊98	10	固定循环　初始级别返回
99	10	固定循环 R 点级别返回
100~225	00	用户宏程序(G 代码调用)最多 10 个
120.1	00	加工条件选择 I
121	00	加工条件选择 I　取消
122	00	子系统 I　启动

续表

G 指令	组	功　能
127	00	手动任意逆行禁止
144	00	子系统 Ⅱ　启动
145	00	子系统 Ⅰ,Ⅱ　取消
160	00	扭矩限制跳跃

注意:

①＊标记表示在初始状态下应选择的指令,或已被选中的指令。△标记表示根据参数设定,在初始状态下应选择的指令,或已被选中的指令。

②指定了两个以上的同组 G 指令时,最后指定的 G 指令生效。

③此 G 指令一览表是早期的 C 指令一览表。根据机床不同,可能会使用 C 指令宏程序,执行与以往 G 指令不同的动作。可通过机床制造商提供的说明书进行确认。

④在输入各复位时是否执行模态初始化因情况而异。

a."复位 1"。

在复位初始参数为 ON 时,执行模态初始化(由机床制造商的规格决定)。

b.在输入"复位 2"及"复位 & 回退"。

信号时,执行模态初始化。

c.紧急停止解除时的复位。

以"复位 1"为准。

d.在启动如参考点返回等个别功能时,自动执行复位。

以"复位 & 回退"为准。

2.定位(快速进给)G00

本指令通过坐标语,以当前点为起点,高速定位到坐标语所指定的终点。

1)指令格式

定位(快速进给):G00　X__　Y__　Z__;

X,Y,Z:坐标值。

2)详细说明

①快速进给速度因机床制造商的规格而异。

②G00 指令为 01 组的模态指令。连续指定 G00 指令时,从下一个程序段开始,可只使用坐标语进行指令。

③在 G00 模式下,始终在程序段的起点、终点执行加减速。在终点执行指令减速或

到位检查,确认各系统内所有移动轴的移动完成后,进入下一个程序段。

④通过 G00 指令取消(G80)09 组的 G 功能(G72—G89)。

3.直线插补 G01

该指令通过坐标语与进给速度指令的组合,以地址 F 中所指定的速度,将刀具从当前点直线移动(插补)到坐标语所指定的终点。但此时,地址 F 所指定的进给速度始终作为相对于刀具中心前进方向的线速度使用。

1)指令格式

直线插补 G01 X__ Y__ Z__ α__ F__ I__;

X,Y,Z:坐标值。

F:进给速度,mm/min 或(°)/min。

2)详细说明

①G01 指令为 01 组的模态指令。连续指定 G01 指令时,从下一个程序段开始,可只使用坐标语进行指令。在最初的 G01 指令中,如果未赋予 F 指令,将发生程序错误(P62)。

②通过(°)/min(小数点位置的单位)指定旋转轴的进给速度(F300=300°/min)。

③根据 G01 指令取消(G80)09 组的 G 功能(G72—G89)。

4.比例缩放 G50,G51

通过本指令,通过对指令范围内的移动轴指令值设定倍率,可将程序中所指定的形状扩大或缩小到期望的大小。

1)指令格式

比例缩放开启:G51 X__ Y__ Z__ P__;

X,Y,Z:比例缩放中心坐标。

P:比例缩放倍率。

比例缩放取消:G50。

2)详细说明

指定比例缩放轴和比例缩放的中心及其倍率进行 G51 指令后,进入比例缩放模式。G51 指令只指定比例缩放轴及其中心、倍率,不进行移动。

根据 G51 指令,进入比例缩放模式,但实际上比例缩放只对指定了比例缩放中心的轴有效。

(1)比例缩放中心

①按照此时的绝对/增量模态指定(G90/G91)比例缩放中心。

②要以当前位置为中心时,需要进行指令。

③如上所述,比例缩放有效轴仅限指定了比例缩放中心的轴。

(2)比例缩放倍率

①用地址 P 或 J,K 指定比例缩放的倍率。

②最小指令单位:0.000001。

③指令范围:-99999999 ~ 99999999(-99.999999 ~ 99.999999 倍)或-99.999999 ~ 99.999999 都有效,但只在 G51 指令后才能进行小数点指令。

④如果倍率指令与 G51 不在同一程序段中,则使用在参数"#8072 比例缩放倍率"中设定的倍率。

⑤若地址 P 和地址 I,J,K 指令位于同一程序段中,则对 3 个基本轴,使用 I,J,K 所指定的倍率,但对其他轴,则使用地址 P 所指定的倍率。

⑥在比例缩放模式中,本参数的变更无效。按照进行 G51 指令时的设定值执行比例缩放。

⑦未通过程序、参数指定倍率时,按 1 倍计算。

(3)在下述情况时,发生程序错误

①无比例缩放规格,但进行了比例缩放指令。

②在 G51 的程序段中指定了超过倍率指令范围上限的倍率。

3)程序示例(见图 1-2-1)

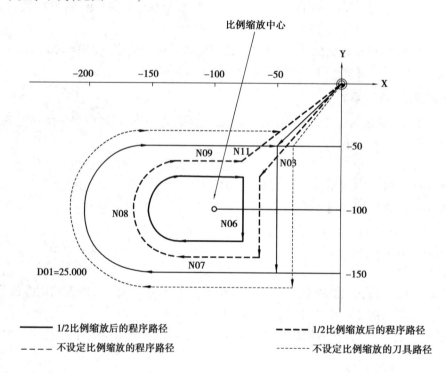

图 1-2-1 比例缩放示例

程序:

N01　G92　X0　Y0　Z0;

N02　G90　G51　X-100　Y-100　P0.5;

N03　G00　G43　Z-200　H02;

N04　G41　X-50　Y-50　D01;

N05　G01　Z-250　F1000;

N06　Y-150　F200;

N07　X-150;

N08　G02　Y-50　J50;

N09　G01　X-50;

N10　G00　G49　Z0;

N11　G40　G50　X0　Y0;

N12　M02;

5.镜像指令 G51.1,G50.1

在切削左右对称形状时,仅以左侧或右侧的程序对另一侧的形状进行加工,可节约编程时间。可实现此类加工的功能就是镜像。

1)指令格式

G51.1　X__　Y__　Z__;　　　　　　镜像开启

X,Y,Z:镜像中心坐标。

G50.1　X__　Y__　Z__;　　　　　　镜像关闭

X,Y,Z:关闭镜像的轴。

2)详细说明

①在 G51.1 中,用绝对位置或增量位置指定镜像指令轴及镜像中心坐标。

②在 G50.1 中,指定关闭镜像的轴,忽略 X,Y,Z 的值。

③仅在指定平面的 1 轴上指定执行镜像时,在圆弧、刀径补偿、坐标旋转中的旋转方向及补偿方向均反转。

④因在局部坐标系使用本功能进行了处理,故镜像中心会因坐标系预设及工件坐标变更而发生移动。

⑤镜像中的参考点返回。

在镜像中执行参考点返回指令(G28,G30)时,在到达中间点之前的动作中,镜像有效,因此,在从中间点到参考点的动作中不执行镜像。

⑥镜像中的原点返回。

在镜像中从原点发出返回指令(G29)时,对中间点执行镜像,如图1-2-2所示。

⑦不对 G53 指令执行镜像。

6.坐标旋转 G68,G69

对围绕坐标系进行了旋转的位置上的复杂形状进行加工时,可在局部坐标系上指定旋转前的形状,通过程序坐标旋转指令指定旋转角度,对旋转后的形状进行加工。

1)指令格式

G68　Xx1　Yy1　R__;　　　　　　坐标旋转开启

X,Y:旋转中心坐标,以绝对位置指定 X,Y,Z 中对应所选平面的两轴。

R:旋转角度,逆时针方向为 + 方向。

G69:坐标旋转取消。

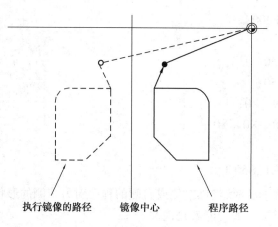

执行镜像的路径　　镜像中心　　程序路径

图 1-2-2　镜像的路径

2）详细说明

①始终使用绝对值指令指定旋转中心坐标(x1,y1)。即使通过增量地址进行指令,也不将其作为增量值处理。旋转角度 r1 按照 G90/G91 模态。

②省略旋转中心坐标(x1,y1)时,存在 G68 指令的位置成为旋转中心。

③按照在旋转角度 r1 中指定的角度向逆时针方向旋转。

④旋转角度 r1 的设定范围为 -360°～360°。如果指令角度超过了设定范围,则使用指令角度除以 360°后的余数。

⑤旋转角度 r1 为模态数据,在出现新的角度指令之前,保持此角度不变。因此,可省略旋转角度 r1 的指令。

第一次进行 G68 指令时,若省略旋转角度,则将 r1 视为“0”。

⑥程序坐标旋转为在局部坐标系上的功能,因此,旋转后的坐标系与工件坐标系、基本机床坐标系的关系如图 1-2-3 所示。

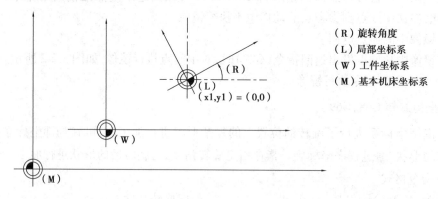

（R）旋转角度
（L）局部坐标系
（W）工件坐标系
（M）基本机床坐标系

图 1-2-3　旋转后的坐标系与工件坐标系、基本机床坐标系的关系

⑦将坐标旋转中的坐标旋转指令作为中心坐标以及旋转坐标角度的变更处理。

⑧在坐标旋转模式中,如果进行 M02,M30 指令或输入复位信号,则坐标旋转变为取

消模式。

⑨在坐标旋转模式中,在模式信息画面中显示 G68。模式被取消时,显示 G69(旋转角度指令 R 时,则无模态值显示)。

⑩程序坐标旋转功能仅在自动运行模式下有效。

3)程序示例

通过绝对值指令指定程序坐标旋转,如图 1-2-4 所示。

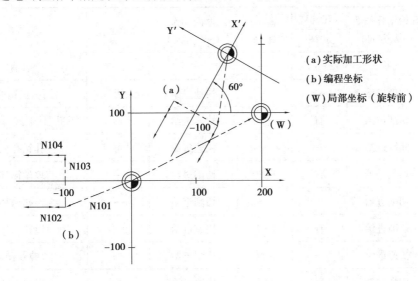

(a)实际加工形状

(b)编程坐标

(W)局部坐标(旋转前)

图 1-2-4　坐标旋转示例

程序:

N01　G28　X0　Y0;

N02　G54　G52　X200　Y100;　　　　　局部坐标设定

N03　T10;

N04　G68　X-100　Y0　R60;　　　　　坐标旋转开启

N05　M98　H101;　　　　　　　　　　执行子程序

N06　G69;　　　　　　　　　　　　　坐标旋转取消

N07　G54　G52　X0　Y0;　　　　　　局部坐标系取消

N08　M02;　　　　　　　　　　　　　结束

子程序:

(在原坐标系上编程时的形状)

N101　G00　X-100　Y-40;

N102　G83　X-150　R-20　Q-10　F100;

N103　G00　Y40;

N104　G83　X-150　R-20　Q-10　F100;

N105   M99；

四、固定循环指令

通过在单个程序段发出的指令，按照预先设定的作业顺序执行通常的定位与钻孔、镗孔、攻丝等加工程序的功能。表 1-2-3 为本控制装置的固定循环功能表。

表 1-2-3   固定循环功能表

G 指令	开始钻孔作业（−Z 方向）	在孔底中的动作		返回动作（+Z 方向）	高速回退	用 途
		暂停	主轴			
G80	—	—	—	—	—	取消
G81	切削进给	—	—	快速进给	可	钻孔、点钻循环
G82	切削进给	有	—	快速进给	—	钻孔、计数式镗孔循环
G83	间歇进给	—	—	快速进给	可	深孔钻孔循环
G84	切削进给	有	反转	切削进给	—	攻丝循环
G85	切削进给	—	—	切削进给	—	镗孔循环
G86	切削进给	有	停止	快速进给	—	镗孔循环
G87	快速进给	—	正转	切削进给	—	背镗孔循环
G88	切削进给	有	停止	快速进给	—	镗孔循环
G89	切削进给	有	—	切削进给	—	镗孔循环
G73	间歇进给	有	—	快速进给	可	步进循环
G74	切削进给	有	正转	切削进给	—	反向攻丝循环
G75	切削进给	—	—	快速进给	—	圆形切削循环
G76	切削进给	—	定位主轴停止	快速进给	—	精镗孔循环

通过 G80 指令、其他钻孔加工模式或 01 组的 G 指令取消固定循环模式，同时清除各数据。

1.钻孔、点钻 G81

1）指令格式

G81   Xx1   Yy1   Zz1   Rr1   Ff1   Ll1   Ii1   Jj1；

Xx1，Yy1：指定钻孔点位置（绝对值或增量值）。

Zz1：指定孔底位置（绝对值或增量值）（模态）。

Rr1：指定 R 点位置（绝对值或增量值）（模态）。

Ff1:指定切削进给中的进给速度(模态)。

Ll1:固定循环往返次数的指定(0~9999)为"0"时不执行。

Ii1:定位轴到位宽度。

Jj1:钻孔轴到位宽度。

2)详细说明(见图 1-2-5)

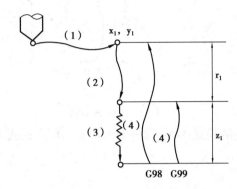

图 1-2-5 G81 路径图

动作方式	程序
(1)	G00　Xx1　Yy1
(2)	G00　Zr1
(3)	G01　Zz1　Ff1
(4)	G98 模式 G00　Z-(z1+r1)　　　G99 模式 G00　Z-z1

2.钻孔、计数式镗孔 G82

1)指令格式

G82　Xx1　Yy1　Zz1　Rr1　Ff1　Pp1　Ll1　Ii1　Jj1;

Xx1,Yy1:指定钻孔点位置(绝对值或增量值)。

Zz1:指定孔底位置(绝对值或增量值)(模态)。

Rr1:指定 R 点位置(绝对值或增量值)(模态)。

Ff1:指定切削进给中的进给速度(模态)。

Pp1:指定孔底位置的暂停时间(忽略小数点以下)(模态)。

Ll1:固定循环往返次数的指定(0~9999)为"0"时不执行。

Ii1:定位轴到位宽度。

Jj1:钻孔轴到位宽度。

2)详细说明(见图 1-2-6)

动作方式	程序
(1)	G00　Xx1　Yy1
(2)	G00　Zr1
(3)	G01　Zz1　Ff1
(4)	G04　Pp1(暂停)

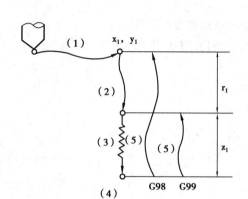

图 1-2-6　G82 路径图

（5）　　　　　　G98 模式 G00　Z-(z1+r1)　　　G99 模式 G00　Z-z1

3.深孔钻孔循环 G83

1）指令格式

G83　Xx1　Yy1　Zz1　Rr1　Qq1　Ff1　Ll1　Ii1　Jj1;

Xx1:指定钻孔点位置（绝对值或增量值）。

Yy1:指定钻孔点位置（绝对值或增量值）。

Zz1:指定孔底位置（绝对值或增量值）（模态）。

Rr1:指定 R 点位置（绝对值或增量值）（模态）。

Qq1:每次的切入量（增量值）（模态）。

Ff1:指定切削进给中的进给速度（模态）。

Ll1:固定循环往返次数的指定（0～9999）为"0"时不执行。

Ii1:定位轴到位宽度。

Jj1:钻孔轴到位宽度。

2）详细说明（见图 1-2-7）

动作方式	程序	
（1）	G00	Xx1　Yy1
（2）	G00	Zr1
（3）	G01	Zq1　Ff1
（4）	G00	Z-q1
（5）	G00	Z(q1-m)
（6）	G01	Z(q1+m)　Ff1
（7）	G00	Z-2*q1
（8）	G00	Z(2*q1-m)
（9）	G01	Z(q1+m)　Ff1
（10）	G00	Z-3*q1

⁝

(n)　　　　G98 模式 G00　Z-(z1+r1)　　　G99 模式　　G00　Z-z1

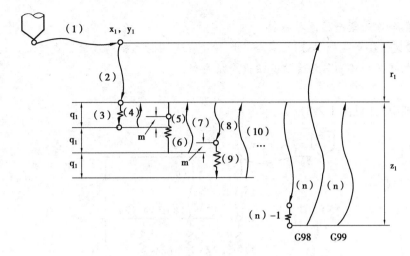

图 1-2-7　G83 路径图

通过 G83 执行此类第二次以后的切入时,在距之前加工位置"m"mm 的位置将快速进给切换为切削进给。到达孔底时,根据 G98 或 G99 模式执行返回。

"m"取决于参数"G83 返回"。编程时,应使 q1 大于 m。

单程序段运行时的停止位置为(1)、(2)、(n)指令完成时的位置。

4.攻丝循环 G84

1)指令格式

G84　Xx1　Yy1　Zz1　Rr1　Qq1　Ff1　Pp1　Rr2　Ss1　Ss2　Ii1　Jj1　Ll1
(Kk1);

Xx1,Yy1:指定钻孔点位置(绝对值或增量值)。

Zz1:指定孔底位置(绝对值或增量值)(模态)。

Rr1:指定 R 点位置(绝对值或增量值)(模态)。

Qq1:每次的切入量(增量值)(模态)。

Ff1:刚性攻丝时,指定主轴每转的钻孔轴进给量(攻丝螺距)(模态);非刚性攻丝时,指定切削进给中的进给速度(模态)。

Pp1:指定孔底位置的暂停时间(忽略小数点以下)(模态)。

Rr2:同步式选择(r2＝1 时为刚性攻丝模式,r2＝0 时为非刚性攻丝模式)(模态)。

(省略时,遵从参数"#8159 刚性攻丝"的设定)

Ss1:主轴转速指令。

Ss2:返回时的主轴转速。

Ii1:定位轴到位宽度。

Jj1:钻孔轴到位宽度。

Ll1:固定循环往返次数的指定(0~9999)为"0"时不执行。

Kk1:重复次数。

注意：

S 指令作为模态信息被保持。

当设定值小于主轴转速（S 指令）时，即使在返回时主轴转速的值也有效。返回时的主轴转速为非 0 值时，攻丝返回倍率值失效。

2）详细说明（见图 1-2-8）

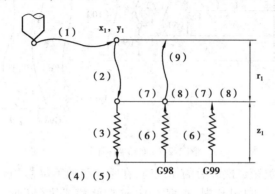

图 1-2-8　G84 路径图

动作方式	程序
（1）	G00　Xx1　Yy1
（2）	G00　Zr1
（3）	G01　Zz1　Ff1
（4）	G04　Pp1
（5）	M4　　（主轴反转）
（6）	G01　Z−z1　Ff1
（7）	G04　Pp1
（8）	M3　　（主轴正转）
（9）	G98 模式　G00　Z−r1　G99 模式　无移动

r2 = 1 时为刚性攻丝模式，r2 = 0 时为非刚性攻丝模式。未指定 r2 时，遵从参数设定。

在执行 G84 时，处于倍率取消状态，倍率自动为 100%。

当控制参数"G00 空运行"打开时，空运行对定位指令生效。在执行 G84 时，按下进给保持按钮，则顺序为（3）—（6）时，不立即停止，而是在完成（6）后再停止。执行顺序（1）、（2）、（9）的快速进给时，立即停止。

单程序段运行时的停止位置为（1）、（2）、（9）指令完成时的位置。

在 G84 模态中，输出"攻丝中"的 NC 输出信号。

在 G84 刚性攻丝模式中，不输出 M3，M4，M5 与 S 代码。

在攻丝循环中，因紧急停止等导致操作中断时，将"攻丝返回"信号（TRV）设为有效时，可将执行攻丝返回动作的刀具从工件处拔出。

5.镗孔 G85

1)指令格式

G85 Xx1 Yy1 Zz1 Rr1 Ff1 Ll1 Ii1 Jj1;

Xx1,Yy1:指定钻孔点位置(绝对值或增量值)。

Zz1:指定孔底位置(绝对值或增量值)(模态)。

Rr1:指定 R 点位置(绝对值或增量值)(模态)。

Ff1:指定切削进给中的进给速度(模态)。

Ll1:固定循环往返次数的指定(0~9999)为"0"时不执行。

Ii1:定位轴到位宽度。

Jj1:钻孔轴到位宽度。

2)详细说明(见图1-2-9)

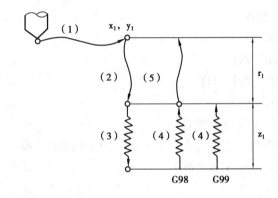

图 1-2-9 G85 路径图

动作方式	程序
(1)	G00 Xx1 Yy1
(2)	G00 Zr1
(3)	G01 Zz1 Ff1
(4)	G01 Z−z1 Ff1
(5)	G98 模式 G00 Z−r1 G99 模式 无移动

6.镗孔 G86

1)指令格式

G86 Xx1 Yy1 Zz1 Rr1 Ff1 Pp1 Ll1;

Xx1,Yy1:指定钻孔点位置(绝对值或增量值)。

Zz1:指定孔底位置(绝对值或增量值)(模态)。

Rr1:指定 R 点位置(绝对值或增量值)(模态)。

Ff1:指定切削进给中的进给速度(模态)。

Pp1:指定孔底位置的暂停时间(忽略小数点以下)(模态)。

Ll1:固定循环往返次数的指定(0~9999)为"0"时不执行。

2)详细说明(见图1-2-10)

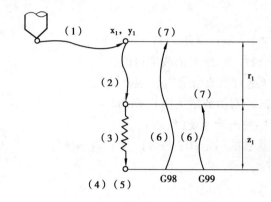

图1-2-10 G85路径图

动作方式	程序
(1)	G00 Xx1 Yy1
(2)	C00 Zr1
(3)	G01 Zz1 Ff1
(4)	G04 Pp1
(5)	M5 (主轴停止)
(6)	G98模式 G00 Z-(z1+r1) G99模式 G00 Z-z1
(7)	M3 (主轴正转)

7.背镗孔 G87

1)指令格式

G87 Xx1 Yy1 Zz1 Rr1 Iq1 Jq2 Kq3 Ff1 Ll1;

Xx1,Yy1:指定钻孔点位置(绝对值或增量值)。

Zz1:指定孔底位置(绝对值或增量值)(模态)。

Rr1:指定R点位置(绝对值或增量值)(模态)。

Iq1:X轴偏移量的指定(增量值)(模态)。

Jq2:Y轴偏移量的指定(增量值)。

Kq3:Z轴偏移量的指定(增量值)。

Ff1:指定切削进给中的进给速度(模态)。

Ll1:固定循环往返次数的指定(0~9999)为"0"时不执行。

2)详细说明(见图1-2-11)

动作方式	程序
(1)	G00 Xx1 Yy1
(2)	M19 (主轴定向)
(3)	G00 Xq1(Yq2) (偏移)
(4)	G00 Zr1

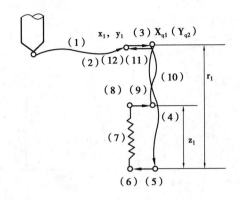

图 1-2-11 G87 路径图

(5)		G01	X−q1(Y−q2)	Ff1	（偏移）
(6)		M3	（主轴正转）
(7)		G01	Zz1	Ff1
(8)		M19	（主轴定向）
(9)		G00	Xq1(Yq2)	（偏移）
(10)		G98 模式 G00 Z−(r1+z1)		G99 模式 G00 Z−(r1+z1)
(11)		G00	X−q1(Y−q2)	（偏移）
(12)		M3	（主轴正转）

8.镗孔 G88

1)指令格式

G88 Xx1 Yy1 Zz1 Rr1 Ff1 Pp1 Ll1；

Xx1,Yy1:指定钻孔点位置(绝对值或增量值)。

Zz1:指定孔底位置(绝对值或增量值)(模态)。

Rr1:指定 R 点位置(绝对值或增量值)(模态)。

Ff1:指定切削进给中的进给速度(模态)。

Pp1:指定孔底位置的暂停时间(忽略小数点以下)(模态)。

Ll1:固定循环往返次数的指定(0～9999)为"0"时不执行。

2)详细说明(见图 1-2-12)

动作方式	程序
(1)	G00 Xx1 Yy1
(2)	G00 Zr1
(3)	G01 Zz1 Ff1
(4)	G04 Pp1
(5)	M5 （主轴停止）
(6)	单程序段停止开关 ON 时停止
(7)	自动启动开关 ON
(8)	G98 模式 G00 Z−(z1+r1) G99 模式 G00 Z−z1

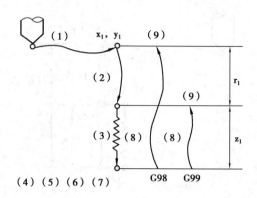

图 1-2-12 G88 路径图

（9）　　　　　　 M3（主轴正转）

9.镗孔 G89

1）指令格式

G89　Xx1　Yy1　Zz1　Rr1　Ff1　Pp1　Ll1　Ii1　Jj1；

Xx1,Yy1:指定钻孔点位置（绝对值或增量值）。

Zz1:指定孔底位置（绝对值或增量值）（模态）。

Rr1:指定 R 点位置（绝对值或增量值）（模态）。

Ff1:指定切削进给中的进给速度（模态）。

Pp1:指定孔底位置的暂停时间（忽略小数点以下）（模态）。

Ll1:固定循环往返次数的指定（0～9999）为“0”时不执行。

Ii1:定位轴到位宽度。

Jj1:钻孔轴到位宽度。

2）详细说明（见图 1-2-13）

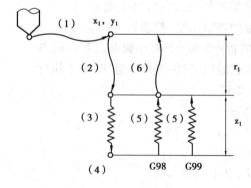

图 1-2-13 G89 路径图

动作方式　　　　　程序

（1）　　　　　　 G00　Xx1　Yy1

（2）　　　　　　 G00　Zr1

（3）　　　　　G01　Zz1　Ff1

（4）　　　　　G04　Pp1

（5）　　　　　G01　Z–z1　Ff1

（6）　　　　　G98 模式 G00　Z–r1　　G99 模式　无移动

⋮

10.**步进循环** G73

1）指令格式

G73　Xx1　Yy1　Zz1　Qq1·Rr1　Ff1　Pp1　Ll1　Ii1　Jj1;

Xx1,Yy1:指定钻孔点位置（绝对值或增量值）。

Zz1:指定孔底位置（绝对值或增量值）（模态）。

Qq1:每次的切入量（增量值）（模态）。

Rr1:指定 R 点位置（绝对值或增量值）（模态）。

Ff1:指定切削进给中的进给速度（模态）。

Pp1:指定孔底位置的暂停时间（忽略小数点以下）（模态）。

Ll1:固定循环往返次数的指定（0~9999）为"0"时不执行。

Ii1:定位轴到位宽度。

Jj1:钻孔轴到位宽度。

2）详细说明（见图 1-2-14）

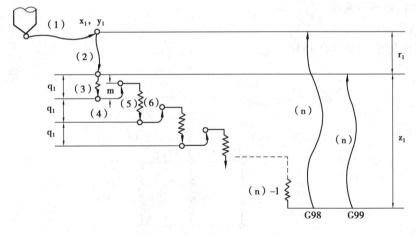

图 1-2-14　G73 路径图

动作方式　　　　程序

（1）　　　　G00　Xx1　Yy1

（2）　　　　G00　Zr1

（3）　　　　G01　Zq1　Ff1

（4）　　　　G04　Pp1

（5）　　　　G00　Z–m

（6）　　　　　G01　Z(q1+m)　Ff1

⋮

（n）　　　　　G98 模式 G00　Z-(z1+r1)　　　G99 模式 G00　Z-z1

在 G73 中,执行此类第二次以后的切入时,仅以快速进给返回"m"mm 后,切换为切削进给。返回量"m"取决于参数"G73 返回"。

单程序段运行时的停止位置为（1）、（2）、（n）指令完成时的位置。

11.反向攻丝循环 G74

1)指令格式

G74　Xx1　Yy1　Zz1　Rr1　Ff1　Pp1　Rr2　Ss1　Ss2　Ll1　Ii1　Jj1;

Xx1,Yy1:指定钻孔点位置(绝对值或增量值)。

Zz1:指定孔底位置(绝对值或增量值)(模态)。

Rr1:指定 R 点位置(绝对值或增量值)(模态)。

Ff1:主轴每转的 Z 轴进给量(攻丝螺距)(模态)。

Pp1:指定孔底位置的暂停时间(忽略小数点以下)(模态)。

Rr2:同步式选择(r2＝1 时为刚性攻丝模式,r2＝0 时为非刚性攻丝模式)(模态)。

Ss1:主轴转速指令。

Ss2:返回时的主轴转速。

Ll1:固定循环往返次数的指定(0～9999)为"0"时不执行。

Ii1:定位轴到位宽度。

Jj1:钻孔轴到位宽度。

2)详细说明(见图 1-2-15)

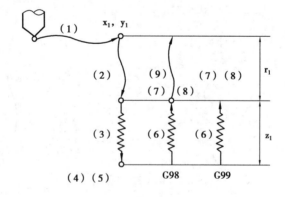

图 1-2-15　G74 路径图

动作方式　　　　　程序

（1）　　　　　G00　Xx1　Yy1

（2）　　　　　G00　Zr1

（3）　　　　　G01　Zz1　Ff1

（4）　　　　　G04　Pp1

（5）　　　　　　M3　　　（主轴正转）

（6）　　　　　　G01　Z-z1　Ff1

（7）　　　　　　G04　Pp1

（8）　　　　　　M4　　　（主轴反转）

（9）　　　　　　G98 模式 G00　Z-r1　　　G99 模式　无移动

12.圆切削 G75

圆切削循环将 XY 轴定位在圆中心,使 Z 轴切入至指令位置后,切削圆内周的同时描绘真圆,一直切削至返回圆中心。

1)指令格式

G75　Xx1　Yy1　Zz1　Rr1　Qq1　Pp1　Ff1　Ll1;

Xx1,Yy1:指定钻孔点位置(绝对值或增量值)。

Zz1:指定孔底位置(绝对值或增量值)(模态)。

Rr1:指定 R 点位置(绝对值或增量值)(模态)。

Qq1:外周圆的半径(模态)。

Pp1:刀径补偿编号(模态)。

Ff1:指定切削进给中的进给速度(模态)。

Ll1:固定循环往返次数的指定(0~9999)为"0"时不执行。

2)详细说明(见图 1-2-16)

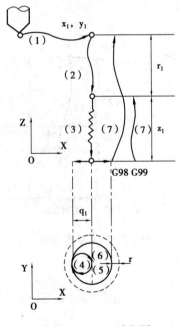

图 1-2-16　G75 路径图

动作方式　　　　　程序

（1）　　　　　　　G00　Xx1　Yy1

（2）　　　　　G00　Zr1

（3）　　　　　G01　Zz1　Ff1

（4）　　　　　Gn　X-(q1-r)　I-(q1/2)　　　　内周圆 1/2 圆

（5）　　　　　Iq1　　　　外周圆

（6）　　　　　X(q1-r)　I(q1/2)　　　　内周圆 1/2 圆

（7）　　　　　G98 模式 G00　Z-(z1+r1)　　　G99 模式 G00　Z-z1

13. 精镗孔 G76

1）指令格式

G76　Xx1　Yy1　Zz1　Rr1　Iq1　Jq2　Kq3　Ff1　Ll1；

Xx1：指定钻孔点位置（绝对值或增量值）。

Yy1：指定钻孔点位置（绝对值或增量值）。

Zz1：指定孔底位置（绝对值或增量值）（模态）。

Rr1：指定 R 点位置（绝对值或增量值）（模态）。

Iq1：X 轴偏移量的指定（增量值）（模态）。

Jq2：Y 轴偏移量的指定。

Kq3：Z 轴偏移量的指定。

Ff1：指定切削进给中的进给速度（模态）。

Ll1：固定循环往返次数的指定（0~9999）为"0"时不执行。

2）详细说明（见图 1-2-17）

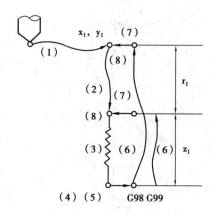

图 1-2-17　G75 路径图

动作方式　　　程序

（1）　　　　　G00　Xx1　Yy1

（2）　　　　　G00　Zr1

（3）　　　　　G01　Zz1　Ff1

（4）　　　　　M19　　（主轴定向）

（5）　　　　　G01　Xq1(Yq2)Ff1　　　（偏移）

（6）　　　　　G98 模式 G00　Z-(z1+r1)　　　G99 模式 G00　Z-z1

（7）　　　　G00　X-q1(Y-q2)　　（偏移）

（8）　　　　M3　（主轴正转）

【任务实施】

找出下面程序存在的问题并说明原因（参考三菱 M80/M800 系统）。

%1000

N01　G00　X50　Y60

N10　G01　G00　X100　Y500　S300　M03

N05　Z5　F150

N20…

　　⋮

N200　M02

①存在的问题及原因：

②程序中指令的含义：

③说出完整程序的组成：

④依据上面的程序内容，写出正确的程序：

【任务考评】

评价标准见表 1-2-4。

表 1-2-4 评价标准

任务名称						任务编号	
班 级			姓 名			学 号	
评价项目		评价标准	评价结果				分项评分
			优	良	中	差	
考勤	迟到	无迟到、早退、旷课现象	5	4	3	0	
	早退		5	4	3	0	
	旷课		5	4	3	0	
工作任务完成情况	着装规范	着装整齐规范	10	8	5	0	
	存在问题	正确找出存在问题的数量	10	8	5	0	
	加工中心的常用指令	正确写出指令的含义	10	8	5	0	
	程序的格式	能熟知程序的格式要求	10	8	5	0	
	职业素质	在工作中态度端正,精神面貌,团结协作,遵守安全操作规程,无安全事故;及时保养、维护和清扫设备	15	10	5	0	
任务报告	完成时间	按时完成	15	10	5	0	
	报告环节	内容正确,任务(项目)报告环节完整,书写整齐、字体工整	15	10	5	0	
合 计			100				

【任务训练】

1.三菱 M80/M800 系统完整的数控程序由哪几部分组成?

2.目前,最常用的程序段格式是什么?

3.加工中心常用的指令有哪些?

4.什么叫模态指令和非模态指令?

项目二　机床操作面板

任务一　铣床/加工中心的面板

【任务目标】

- 能熟悉数控系统操作面板和机床控制面板上常用功能键的用途；
- 能掌握加工中心显示页面的切换与常用工作模式的使用方法；
- 能使用 MDI 模式改变主轴转速；
- 能熟练使用"编辑"模式进行程序的编辑和修改；
- 能掌握程序的空运行模拟方法，并验证程序是否正确。

【任务描述】

学校数控实训车间的数控铣床或加工中心，系统为三菱 M80/M800。要求学生用 4 学时熟悉该批数控铣床或加工中心的操作面板，学会数控铣床的基本操作。任务内容如下：

①完成机床的开机、回零、关机。

②练习 X，Y，Z 方向手动、手轮的使用。

③在手动、手轮模式下，实现主轴的正转、停止、反转，练习使用 MDI 模式改变主轴转速。

④在使用手动、手轮移动工作台或刀具时，练习快速、准确地判断移动方向。

⑤练习使用手轮进行 X，Y，Z 方向的精确定位。

⑥车间编程员编了一个程序，要求学生将这个程序输入数控系统中，按要求进行编辑和修改，并进行程序模拟，画出走刀轨迹。

【任务准备】

场地、设备、夹具、工具及学习资料准备如下：

①数控实训车间或仿真室。

②数控铣床或加工中心，三菱 M80/M800 系统。

③夹具：机用平口钳。

④工具：机用平口钳扳手、内六角扳手等。

⑤学习资料：针对本任务的学习指南、工作页，三菱 M80 数控系统操作面板说明书、数控加工中心编程手册、评价表等。

【相关知识】

一、加工中心的控制面板（三菱 M80/M800 系统）

在 19 寸纵型显示器的下面部分显示机械状态或软键盘等，不与画面上面部分的画面联动，存在显示扩展应用程序。

三菱系统标配了扩展应用程序，如图 2-1-1 所示。

1.主画面（显示机械状态，见图 2-1-2）

在机械状态界面的各个显示项目及内容见表 2-1-1。

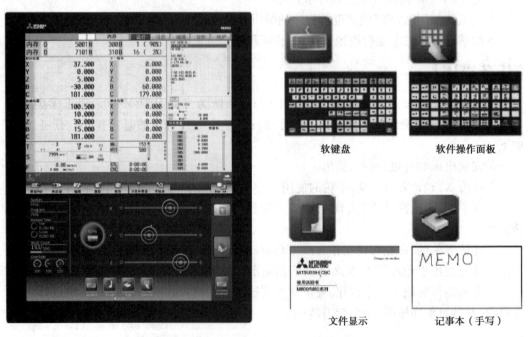

图 2-1-1　19 寸显示器和扩展应用程序

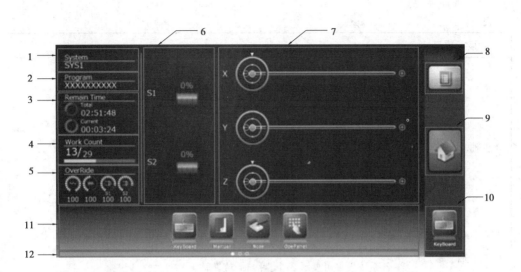

图 2-1-2　机械状态

表 2-1-1　显示项目及内容

显示项目	内　容
1（系统名）	设定系统名，显示主应用选中的系统名 未设定系统名时，显示"SYS +（系统号）" （例）系统 2 时，显示 SYS2
2（加工程序）	显示运行搜索中的加工程序名 执行主程序时显示主程序名，执行子程序时显示子程序名 程序名大于 14 个字符时，显示至第 13 个字符
3（剩余加工时间）	Total：显示所有工件加工中的加工剩余时间、加工进度 Current：显示 1 个工件加工的加工剩余时间、加工进度
4（工件计数）	显示当前的加工数（加工完成工件／所有工件）与比例
5（倍率）	显示快速进给倍率（%）、切削进给倍率（%）、主轴倍率（%） 在 0~100% 显示快速进给倍率（%），在 0~120% 显示切削进给倍率（%），在 0~200% 显示主轴倍率（%） ＜显示＞ 快速进给倍率 100%、切削进给倍率 150%、主轴倍率 80% 时 OverRide 100　150　80 快速进给　切削进给　主轴

续表

显示项目	内　容
6（主轴）	以图表跟数值显示主轴负载的比例（%） 每个系统最多可显示两个主轴 图表的显示颜色因主轴负载状态而异 <显示> 　　　（通常：绿）　　　（注意：黄）　　　（警告：红） 　　　80%　　　130%　　　190%
7（加工轴显示）	动画显示直线轴的位置与负载状态、旋转轴的位置 各系统最多可显示 3 个直线轴、旋转轴
8（操作菜单键）	可选择主画面中的操作（切换机械状态显示的显示系统、追加应用程序键等）
9（主按钮）	返回主画面
10（快捷键）	通过可在任意画面显示的应用键替换机床厂设定的应用程序 快捷键可登录两个应用，通常快捷键显示首个登录的应用。首个登录的应用 启动时，在快捷键显示第二个登录的应用
11（应用键）	切换登录的各应用 也可删除应用键
12（页码位置）	显示应用键的页码位置

2.键盘应用

键盘应用为通过单击按钮执行键输入的应用，如图 2-1-3 所示。

图 2-1-3　操作键盘

键盘按键名称及用途见表 2-1-2。

表 2-1-2　键盘的功能

按键分类	按　键	动　作
功能键 （功能选择键）	（MONITOR）	显示"运行"相关画面
	（SETUP）	显示"设置"相关画面
	（EDIT）	显示"编辑"相关画面
	（DIAGN）	显示"诊断"相关画面
	（MAINTE）	显示"维护"相关画面
换页键	上一页键	显示内容分为多页时,按此键显示上一页的内容。画面上方的"▲"表示有上一页
	下一页键	显示内容分为多页时,按此键显示下一页的内容。画面上方的"▼"表示有下一页
上一画面 显示键 （系统切换）	BACK（BACK） 上一画面显示键	返回上一个显示画面
	（$→$） 系统切换键	在多系统 NC 时,按此键显示下一系统的数据。在系统通用画面及单系统中,按此键画面不发生变化
数据设定键	A B C D E F G H I J K L M N O P Q R S T U V W X Y Z 0 1 2 3 4 5 6 7 8 9 ＋ － ＝ ／ .;等	用于设定字母、数字、运算符号等
数据修改键	INSERT（INSERT） 数据插入键	按此键进入数据插入模式后,按下数据设定键时,向当前的光标位置之前插入字符 此时按下〔DELETE〕、〔C·B CAN〕、〔INPUT〕、光标键、TAB 键等或切换到其他画面时,返回到数据改写模式
	DELETE（DELETE） 数据删除键	删除数据设定区内光标位置前的 1 个字符 程序编辑时,删除光标位置字符,光标位置以后数据向左移动
	／（C·B CAN）　取消键	取消数据设定区内的设定数据

续表

按键分类	按键	动作
小写输入键	⌨ABC.../abc... (LOWER CASE)	切换字母的大小写
程序结束键	;/EOB (EOB)	输入";"
SHIFT 键	⇧SHIFT (SHIFT)	启用各数据设定键的下一级含义
光标键	↑ ↓	在画面显示项目上设定数据时,上下移动光标
	⇐ ⇒	在画面显示项目上选择数据时,左右移动光标 在光标左端:移动到上一行的右端 在光标右端:移动到下一行的左端
	← →	在数据设定区内,逐个字符左右移动光标
页框键	⇦ ⇨	切换选项卡
输入键	◆INPUT (INPUT)	用于确定数据设定区的数据,并将其写入内部数据。输入后光标移动到下一位置
复位键	⫽RESET (RESET)	复位 NC
菜单列表键	▭LIST (MenuList)	用于列表显示各画面的菜单结构
	⤢	切换活动窗口
操作键	ALTER (ALTER)	替代键
	CTRL (CTRL)	控制键
	SP (SP)	空格键

注:①通过 ↑ 、↓ 、← 、→ 、⇐ 、⇒ 、PAGE▲ 、PAGE▼ 8 种键,在触摸中连续输入(键重复)。

②ABC.../abc... 键与 Windows 的 CapsLock 键联动。按 ABC.../abc... ,则切换面板中的输入字符的大小写。

③在触摸所有的键时输入。触摸键,即使滑动手指移动离开其他键,输入的也仅为最初触摸的键。

二、显示器画面结构

显示器用于显示机床的各种参数和功能,屏幕最下面一行是各种不同的显示内容,如图 2-1-4 所示。

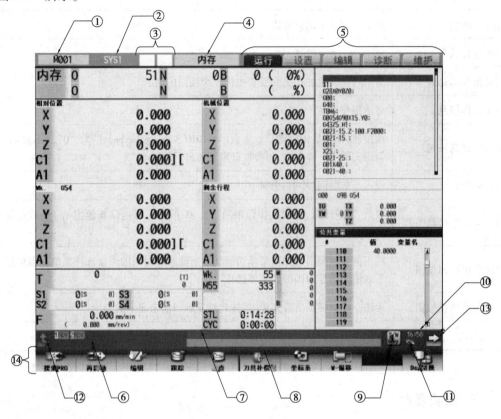

图 2-1-4　系统显示画面

系统显示画面的各个显示项目和内容,见表 2-1-3。

表 2-1-3　显示项目和内容

显示项目	内　容
①(设备名／图标显示)	显示当前的设备名。未设定 NC 名或存在机床厂准备的图标时,不显示字符串
②(系统名)	多系统规格时,显示当前的系统名 单系统规格时,不显示系统名 未设定参数值时,通过 "´$´+(系统号)" 显示
③(NC 状态)	显示 NC 当前状态。显示多个状态时,显示优先顺序高的内容

续表

显示项目	内　容
④（运行模式/MDI 状态）	显示系统的运行模式与运行模式为 MDI 时,显示 MDI 状态
⑤（画面组）	显示当前选中的画面组
⑥（运行状态）	显示 NC 运行状态
⑦（报警信息）	显示当前发生的报警和警告中优先级最高的内容
⑧（操作信息）	显示操作信息
⑨（软键盘按钮）	按按钮,即可显示软键盘。参数"#11010 Software keyboard"为"0"时不显示。但未安装 NC 键盘时,与参数设定无关显示软键盘
⑩（时间）	显示当前时间(小时:分钟)
⑪（主站连接状态）	参数"#8931 显示/设定操作限制"为"0"或"1"时连接其他主站 PC 或是显示器时,显示此图标
⑫（菜单返回按钮）	将当前显示画面的操作菜单切换到与当前画面对应的画面选择菜单。也可用于取消当前显示画面的菜单操作
⑬（菜单切换按钮）	无法一次性显示所有菜单时,按此键显示当前未显示的菜单
⑭（菜单）	在切换画面、选择画面固有操作时使用

三、编辑程序

编辑功能是指对 NC 存储器、HD、存储卡(前置式 SD 卡)、DS(控制器内 SD 卡)、USB 存储器内的加工程序进行编辑(新建、删除、变更)的功能。

1.新建加工程序

①按编辑画面的菜单[打开(新建)]。

②选择设备。

例如:菜单[内存]。

在装置名、目录显示栏中显示所选的装置名与目录(存储器:/ 程序)。

所选装置为 NC 内存以外的其他装置时将首先选择根目录。

最初显示的是编辑侧的元件。未打开文件时,打开 NC 存储器。

③(NC 存储器以外的设备时)↑、↓、⬆PAGE、⬇PAGE按键,将光标移动到加工程序所在目录或新建目录。

④(NC 存储器以外的设备时)按"INPUT"键:光标移动到目录中。

⑤输入要新建的程序文件名。

⑥按"INPUT"键:可新建程序时,创建只含有 EOR 的程序。一览显示关闭。

⑦输入加工程序。

⑧按"INPUT"键:将编辑后的加工程序保存到装置中。

注意:

①指定不存在的程序号,则发生错误。

②程序中的首个程序段中由(   )括起来的部分为注释。

③设定已存在的文件,则出现"新建已存在文件的指定"信息。

④可用于文件名和目录名的字符为半角数字,半角英文大写字母,Windows 可识别的半角符号。因此,无法使用中文文件名等 2byte 代码文件名。

无法使用的字符: \ \ /:,   *   ?   "   < > | a—z 空格。

另外,下面的扩展名不可作为程序文件名使用。

扩展名为"＄＄＄""＄0""＄1""＄2""＄3""＄4""＄5""＄6""＄7""＄8""＄9""0"(文件名为半角的 0)。

⑤无法新建文件名超过 33 个字符的程序。

2.编辑加工程序

①按编辑画面的菜单"打开"。

②选择设备。

例如:菜单"内存"。

③(NC 存储器以外的设备时)↑、↓、⬆、⬇按键,将光标移动到加工程序所在目录或新建目录。

④(NC 存储器以外的设备时)按"INPUT"键:光标移动到目录中。

⑤↑、↓、⬆、⬇按键,将光标移动到目标加工程序所在位置。也可在输入区输入要编辑的加工程序名。

⑥按"INPUT"键:

在输入区输入加工程序名时,显示其程序内容。

可打开程序文件时,显示程序开头。

光标移动到程序开头的字符位置,进入改写模式。

⑦编辑加工程序。

⑧按"INPUT"键:将编辑后的加工程序保存到装置中。

注意:

①指定不存在的程序号,则发生错误。

②所选程序正在运行,或程序正在再启动时,虽然可以显示,但无法进行编辑操作。此时设定数据或按"INPUT"键时,发生错误。

③在本画面试图编辑正在定制画面编辑的文件时,显示操作信息"读取专用无法编辑"。

④各装置中可编辑程序的容量不同。当程序容量超过可编辑容量时,显示操作信息"程序过大,无法编辑"。

⑤打开文件之前,闪烁显示"读取中"。

⑥无法编辑文件名超过 33 个字符的程序。

⑦对读取搜索的程序进行编辑时,根据编辑操作的前一操作,动作分别如下:

- 搜索→编辑:重新搜索显示 ONB 的位置。
- 搜索→复位 1 →编辑:重新搜索程序的开头。
- 搜索→复位 2 →编辑:不搜索。对程序进行了添加或删除操作时,搜索位置可能产生偏差。
- 搜索→复位 & 倒带→编辑:重新搜索程序的开头。

⑧在本画面打开正在定制画面编辑的文件时,可能会显示操作信息"用于其他编辑中,在读取专用中打开"。

⑨当前操作等级比保护设定画面设定的保护等级("程序编辑"数据的输出)高时,无法打开加工程序(显示"数据保护")。但在打开加工程序的状态下,在保护设定画面提高保护等级时,即使返回编辑画面,也保持加工程序打开状态。变更保护等级后,要关闭加工程序时,按"关闭"菜单关闭加工程序后,应在保护设定画面变更保护等级。

3.删除程序

①按编辑画面的菜单"删除文件"。

②选择设备。

例如:菜单"内存"。

③(NC 存储器以外的设备时)↑、↓、、 按键,将光标移动到加工程序所在目录。

④(NC 存储器以外的设备时)按"INPUT"键:光标移动到目录中。

⑤↑、↓、、 按键,将光标移动到目标加工程序所在位置。也可在输入区输入要删除的加工程序名。

⑥按"INPUT"键:

在输入区输入加工程序名时,确认删除其程序。

⑦按"Y"或"INPUT"键:

不删除时,按"N"键。

> **注意:**
>
> 在以下情况下无法删除文件:
> - 要删除的文件正在自动运行中。
> - 要删除的文件为编辑锁定 B,C 的对象。
> - 数据保护键 3 有效。
> - 要删除的文件正在程序再启动中。

【任务实施】

根据加工中心操作规程进行安全操作,一人操作,其他同学认真观察。小组成员依次进行,如图 2-1-1 所示。

操作步骤及内容如下:

1.安全检查

全面检查机床外观,检查部件位置等。

2.开机

①打开机床电源和系统电源。

②右旋弹起"急停"旋钮。

③检查机床面板各按钮及指示灯是否正常。

3.回参考点

①检查机床,若工作台太靠近原点,应先反向移动各轴。

②选择"回零"方式。

③回 Z 轴参考点,按"+Z"键。

④回 X,Y 轴参考点,分别按"+X"键和"+Y"键。

4.手动进给

①选择"手动"方式。

②按要求的轴和方向移动工作台或主轴。

5.手轮进给

①选择"手轮"方式。

②选择要控制的轴,如 X,Y,Z。

③选择手轮进给速率,如×100,×10 等。

④准确判断要移动的方向,然后旋转手轮。

6.精确定位

一人报坐标,一人操作。

（X-230,Y-75,Z-189）

（X-163.268,Y-124.897,Z157.385）

（X-89.376,Y-179.513,Z-303.859）

①先准确确定轴及方向。

②快速移动到所要求的坐标附近。

③切换到"手轮"方式,再进行精确定位。

7.主轴启停

①选择"手轮"或"手动"方式。

②按下相应的按钮。

8.MDI 换转速

①选择"MDI"方式。

②按功能键程序,输入"M03　S500"。

③按"循环启动"按钮。

9.输入程序

新建一个程序名 O1234,输入以下程序:

N10　G54　G21　G40　G49　G80;

N20　G90　G00　X-75　Y-10;

N30　M03　S800　F200;

N40　Z100;

N50　G01　Z5;

N60　Y60:

N70　X75;

N80　G00　Z100　M05;

N90　M30;

10.打开程序并编辑修改

在"编辑"工作方式,调出 O1234 程序进行修改如下:

N10　G54　G21　G40　G49　G80;

N20　G90　G00　X-75　Y-10;

N30　M03　S800　F200;

N40　Z100;

N50　G01　Z5;

N60　Y60:

N70　X75;

N80　Y-10;

N90　X-75;

N100　G00　Z100　M05;

N110　M30；

11.空运行模拟

①选择"自动"方式。

②按下机床操作面板上的"机床锁住",按"图形"键,屏幕上显示图形画面。

③按"循环启动"键。

12.关机

①检查机床情况,工作台应处在安全位置。

②按下急停开关。

③关闭系统电源。

④关闭机床电源。

【任务考评】

评价标准见表2-1-4。

表 2-1-4　评价标准

任务名称					任务编号		
班　级			姓　名		学　号		
评价项目		评价标准	评价结果				分项评分
			优	良	中	差	
考勤	迟到	无迟到、早退、旷课现象	5	4	3	0	
	早退		5	4	3	0	
	旷课		5	4	3	0	
工作任务完成情况	程序输入	能正确输入和修改程序	10	8	5	0	
	操作规范	移动轴向方向正确、速度能准确控制,移动过程中无碰撞,操作过程中出现的异常情况做出正确处理	30	25	20	0	
	职业素质	着装整齐规范,遵守课堂纪律,在工作中态度端正,精神面貌,团结协作,遵守安全操作规程,无安全事故;及时保养、维护和清扫设备	15	10	5	0	
任务报告	完成时间	按时完成	15	10	5	0	
	报告环节	内容正确,任务(项目)报告环节完整,书写整齐、字体工整	15	10	5	0	
合　计			100				

【任务训练】

1.开机后回参考点的目的是什么？回参考点时需注意什么？
2.在机床操作过程中如果出现超程报警,如何处理？
3.三菱 M80/M800 系统面板由哪几部分组成？
4.操作机床时的注意事项有哪些？

任务二　加工中心的对刀

【任务目标】

- 能进行安全操作；
- 能理解加工中心对刀原理,并说出对刀的目的；
- 能熟练运用试切对刀法或使用寻边器、杠杆表等对刀仪器进行快速、准确的对刀操作；
- 能对已建立的工件坐标系进行程序校验,以检查对刀的正确性。

【任务描述】

在机用平口钳中装夹一块 80 mm×80 mm×25 mm 的铝合金（2Al2）工件,使用试切对刀法或用寻边器、杠杆表等对刀仪器,将工件原点设定在工件上表面的对称中心处,并使用程序验证对刀是否正确。

【任务准备】

1.场地、设备、夹具、工具、刀具、量具及学习资料准备

①数控实训车间或仿真室。

②数控加工中心机床,三菱 M80 系统。

③夹具:机用平口钳。

④工具:机用平口钳扳手、内六角扳手、锁刀座、上刀扳手、BT40 刀柄、拉钉、等高垫铁、木锤、光电式寻边器及杠杆表等。

⑤刀具:φ20 mm 的高速工具钢立铣刀。

⑥量具:150 mm 的游标卡尺。

⑦学习资料:针对本任务的学习指南、工作页,数控铣床的对刀原理及试切对刀法有关资料等。

2.材料准备

毛坯:尺寸为 80 mm×80 mm×25 mm 的方形毛坯,材料为铝合金（2Al2）。

【相关知识】

一、安装工件、找正夹紧

形状比较规则的零件铣削时,常用机用平口钳装夹,如图2-2-1所示。

①工件尺寸一般不超过钳口宽度。

②工件应紧固在钳口靠近中间的位置。

③工件底部垫上比工件窄、厚度适当且要求较高的等

图2-2-1 机用平口钳

高垫铁,装夹高度以铣削尺寸高出钳口平面3~5 mm为宜,避免工件加工部位与钳口发生干涉。

④用机用平口钳装夹表面粗糙度值较小或已加工好的表面时,应在两钳口与工件表面之间垫上铜皮,以免损坏钳口或已加工表面。

⑤装夹工件稍紧后,用铜锤或软木锤轻敲工件。

> **注意:**
> 不要敲坏工作表面,直至垫铁不能移动时夹紧工件。

二、装夹刀具

铣削刀具由刀柄和刃具两部分组成。刃具通过刀柄和数控铣床主轴相联,刀柄通过拉钉固定在主轴上。

1.刀柄的组成(见图2-2-2)

①拉钉。用来拉紧刀柄。

②刀柄主体。后面是锥面,与主轴内孔锥面相配合,前面装刃具、卡簧和旋盖。

③卡簧。用来夹紧刃具。

④旋盖。可把刃具、卡簧和刀柄主体紧密地装在一起。

图2-2-2 刀柄的组成

图2-2-3 组装好的刀柄

2.刀柄的组装(见图2-2-3)

①以刀柄体为主体,旋上拉钉,用活扳手旋紧。

②将卡簧装入旋盖,注意将旋盖中的螺旋槽清理干净。

③铣刀装入卡簧,注意铣刀的伸出长度。

④将旋盖旋到刀柄体上,放在锁刀座上,用上刀扳手拧紧。

3.锁刀座的使用

夹紧刀具时,要用到锁刀座和上刀扳手,如图 2-2-4 和图 2-2-5 所示。锁刀座是用来辅助刀柄更换刀具的,用于横放或竖放数控刀柄,帮助操作者轻松完成刀具的夹紧。

图 2-2-4　锁刀座　　　　　　　　　　图 2-2-5　上刀扳手

4.刀柄的装卸

图 2-2-6　安装刀柄

将组装好的刀柄装夹到加工中心主轴上去,如图 2-2-6 所示。

①将工作方式旋至"手轮",左手握住刀柄,将刀柄的键槽对准主轴端面键,垂直伸入主轴内,不可倾斜。

②右手按下换刀按钮,压缩空气从主轴内吹出以清洁主轴锥孔和刀柄,按住此按钮,直到刀柄锥面与主轴锥孔完全贴合后,松开按钮,刀柄即被自动夹紧,确认夹紧后方可松手。

③刀柄装上后,用手转动主轴检查刀柄是否正确装夹。

④拆卸刀柄时,先用左手握住刀柄并稍微往上托着,再用右手按下换刀按钮(否则刀具从主轴内掉下,可能会损坏刀具、工件和夹具等),取下刀柄。

三、数控加工中心的对刀

由于数控铣床按机床坐标系控制机床的运动,而编程人员按工件坐标系编制程序,因此,只有建立起两种坐标系之间的关系,程序才能正常运行。对刀操作就是要确定工件原点在机床坐标系中的坐标值,并将该坐标输入数控系统相应的存储位置。它是数控加工中最重要的操作内容,其准确性直接影响零件的加工精度。

数控铣床的对刀方法很多。根据使用的对刀工具的不同,常用的对刀方法分为以下5种:

①试切对刀法。

②使用标准检验棒、塞尺对刀法。

③采用寻边器和 Z 轴设定器等工具对刀法。

④杠杆表对刀法。

⑤机外对刀仪对刀法。

根据选择对刀点的位置和数据计算方法的不同,可分为双边对刀(分中对刀)、单边对刀等。

1.对刀原理

如图 2-2-7 所示,设工件尺寸:长为 a,宽为 b,高为 c,单位为 mm,刀具半径为 R,将工件原点定在工件上表面的对称中心。

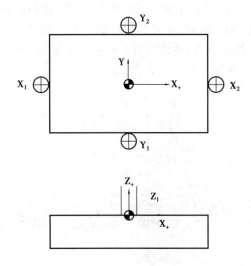

图 2-2-7 对刀原理

①双边对刀:X,Y 轴对刀时,采用碰双边法;Z 轴对刀时,让刀具底部接触工件上表面。

$$X = (X_1 + X_2)/2$$
$$Y = (Y_1 + Y_2)/2$$
$$Z = Z_1$$

②单边对刀(若刀具碰工件左面和前面):

$$X = X_1 + R + a/2$$
$$Y = Y_1 + R + b/2$$
$$Z = Z_1$$

2.试切对刀法的操作步骤(双边对刀,原点定在工件上表面的对称中心)

1)回零(返回机床原点)

对刀之前,一定要进行回零(返回机床原点)的操作,以便于清除掉上次操作的坐标数据。

注意：

X,Y,Z 3 轴都需要回零。

2）主轴正转

首先用"MDI"模式，通过输入指令代码使主轴正转，并保持中等旋转速度（建议在300~500 r/min）；然后换成"手轮"模式，通过转换调节速率进行机床移动的操作。

3）X 向对刀

用刀具在工件的右边轻轻地碰一下，将机床的相对坐标清零；将刀具沿 Z 向提起，再将刀具移动到工件的左边，沿 Z 向下到之前的同一高度，移动刀具与工件轻轻接触，将刀具提起，记下机床相对坐标的 X 值，将刀具移动到相对坐标 X 的一半上（见图 2-2-8），记下此时机床的绝对坐标中的 X 值，并按"INPUT"输入坐标系中即可（在坐标系窗口中，01 G54 坐标系输入"X0"，并按"测量"也可以）。

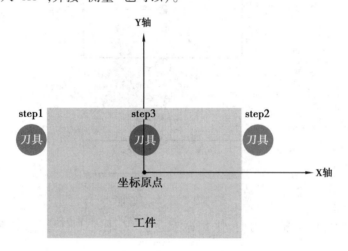

图 2-2-8　X 轴对刀示意图

4）Y 向对刀

用刀具在工件的前面轻轻地碰下，将机床的相对坐标清零；将刀具沿 Z 向提起，再将刀具移动到工件的后面，沿 Z 向下到之前的同一高度，移动刀具与工件轻轻接触，将刀具提起，记下此时机床相对坐标的 Y 值，将刀具移动到相对坐标 Y 的一半上（见图 2-2-9），记下机床的绝对坐标的 Y 值，并按"INPUT"输入坐标系中即可（在坐标系窗口中，01 G54 坐标系输入"Y0"，并按"测量"也可以）。

5）Z 向对刀

（1）单刀加工时 Z 向对刀

将刀具移动到工件上面对 Z 向零点的面上，慢慢移动刀具至与工件上表面轻轻接触，当工件上出现 1 个极微小的切痕或发出切削的声音时（见图 2-2-10），记下此时机床的坐标系中的 Z 值，进入工件坐标系窗口，将光标移动至 01 G54 的 Z 输入"Z0"，并按"测量"按钮。

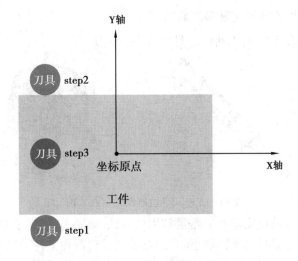

图 2-2-9 Y 轴对刀示意图

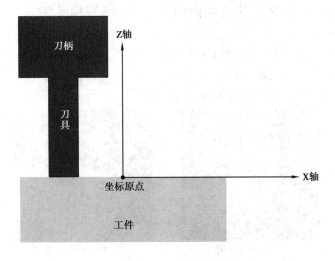

图 2-2-10 Z 轴对刀示意图

（2）多刀加工时 Z 向对刀和长度补偿

XY 方向找正设定如前，将 G54 中的 XY 项输入偏置值，Z 项值置零。

将用于加工的刀具 T1 换上主轴，用 Z 向测量仪找正 Z 向值，记录下当前机床坐标系 Z 项值 Z1，扣除 Z 向测量仪高度后，填入长度补偿值 H1 中。

将刀具 T2 装上主轴，用 Z 向测量仪找正读取 Z2，扣除 Z 向测量仪高度后填入 H2。

采用试切法对刀方法简单，但会在工件上留下痕迹，且对刀精度较低，适用于零件粗加工时对刀操作。其对刀方法与 Z 向测量仪相同。

为了避免损伤已加工的工件表面，在刀具和工件之间采用标准芯轴和块规对刀，其对刀过程类似 Z 向测量仪对刀，完全凭经验或手感使对刀块与工件表面轻微接触，计算时应对刀块的厚度扣除。

3.使用寻边器和 Z 轴设定器等工具对刀

光电式寻边器和光电式 Z 轴设定器如图 2-2-11 所示。

图 2-2-11　光电式寻边器和光电式 Z 轴设定器

使用寻边器和 Z 轴设定器对刀是最常用的方法,效率高,能保证对刀精度且不会破坏工件表面。使用寻边器时必须特别小心,注意控制寻边器和工件的接触力度,让其钢球部位与工件轻微接触,避免因接触力度过大,导致寻边器的精度降低,甚至损坏寻边器。同时,被加工工件必须是良导体,定位基准面有较小的表面粗糙度值。

1)X,Y 向对刀

如图 2-2-12 所示,使用寻边器可完成 X,Y 向对刀。其操作步骤与采用试切对刀法相似,只是将刀具换成了寻边器,对刀时主轴不旋转。在寻边器发光并报警时进行设置或测量,要将计算公式中的刀具半径换为寻边器的半径。

(a)X向寻边　　　　　　　　　(b)Y向寻边

图 2-2-12　使用寻边器对刀

> **注意:**
> 寻边器不能进行 Z 向对刀。

2)Z 向对刀

若 Z 轴设定器高度为 50 ± 0.005 mm,如图 2-2-13 所示。其 Z 向对刀步骤如下:

①卸下寻边器,将加工所用刀具装在主轴上。

②将 Z 轴设定器放置在工件上表面上。

③选择"手动"模式,快速移动主轴,让刀具端面靠近 Z 轴设定器上表面。

④选择"手轮"模式,从大到小依次选择微调倍率,摇动手轮让刀具端面慢慢接触到 Z 轴设定器上表面,直到指示灯亮。

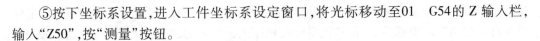

⑤按下坐标系设置,进入工件坐标系设定窗口,将光标移动至01　G54的Z输入栏,输入"Z50",按"测量"按钮。

4.使用杠杆百分表对刀

如果工件为圆形,一般以圆柱或圆柱孔的中心作为工件坐标系X,Y轴的原点。这时,除了可使用试切法或寻边器进行双边对刀外,还经常使用杠杆表进行对刀。当工件的一面及四周的一部分已经加工,反过来加工另一面和四周时,用试切或寻边器对刀往往会导致对刀不准确,此时可使用杠杆表对刀,如图2-2-14所示。

图2-2-13　用Z轴设定器对刀

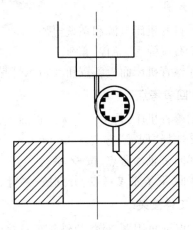

图2-2-14　杠杆表对刀法

1)X,Y向对刀

①将杠杆表的安装杆装在刀柄上,或将杠杆表的磁性座吸在主轴套筒上,移动工作台使主轴中心线(即刀具中心)大约移到工件中心,调节磁性座上伸缩杆的长度和角度,使杠杆表的触头接触工件的圆周面,用手慢慢转动主轴,使杠杆表的触头沿着工件的圆周面转动,观察杠杆表指针的偏移情况,慢慢移动工作台的X轴和Y轴。多次反复后,看到杠杆表转一圈而指针基本不动或在误差允许范围内,说明主轴圆心和工件圆心是同心的。

②按下设置坐标系的按钮,进入工件坐标系设定窗口,将光标移动至01　G54的X输入栏,输入"X0",按"测量"按钮。

③将光标移动至01　G54的Y输入栏,输入"Y0",按"测量"按钮。

2)Z向对刀

卸下百分表,装上铣刀,用前面几种方法进行Z向对刀。

> **注意:**
> 使用杠杆表对刀时,要求工件外圆(或内孔表面)是已加工表面。

对刀是数控机床上非常关键的操作步骤,其准确性直接影响零件的加工精度。在实习训练中,可根据实际情况选择合适的对刀方法。

在加工前,首先将工件装夹到工作台上的夹具里进行找正夹紧,接着用对刀的方法测量工件原点在机床坐标系中的坐标值,并将该坐标值预存到数控系统中。加工时,该坐标值会自动加到工件坐标系上,使数控系统按机床坐标系确定加工时的绝对坐标值。因此,编程人员可不考虑工件在机床上的安装位置。

【任务实施】

根据数控铣床操作规程进行安全操作,注意一人操作,其他同学认真观察。小组成员依次进行,操作步骤如下:

1.开机

①打开机床电源和系统电源。

②右旋弹起"急停"旋钮。

③检查机床面板各按钮及指示灯是否正常。

2.回参考点

①检查机床,若工作台太靠近原点,应先反向移动各轴。

②选择"回零"方式。

③回 Z 轴参考点,按+Z 键。

④回 X,Y 轴参考点,分别按+X 键和+Y 键。

3.工件安装

①保证机用平口钳、垫铁等工具接触面的清洁,不能粘有油污、铁屑和灰尘。

②工件尽量紧固在钳口中间的位置。

③毛坯上表面要高出钳口一个安全距离。

④装夹工件稍紧后,用塑胶榔头轻敲工件,直至垫铁不能移动时夹紧工件。

⑤机用平口钳装夹力度适中。

4.刀具装夹

①选择"手动"或"手轮"方式,左手握住刀柄,将刀柄的键槽对准主轴端面键,垂直伸入主轴内,不可倾斜。

②右手按下换刀按钮,直到刀柄锥面与主轴锥孔完全贴合后,松开按钮。

③用手转动主轴,检查刀柄是否装夹牢固。

④卸刀柄时,先用左手握住刀柄,并按照对刀的操作步骤进行。

5.对刀

①若用百分表找 X,Y 坐标时,注意压表量在 0.1 mm 左右。

②用光电寻边器找正时,移动速度不要过快,要选好找正点稍微往上托着,再用右手按换刀按钮,取下刀柄。

③在 MDI 方式下,调出要用的刀具,采用块规的方法依次进行 Z 向对刀,并将对应的长度值输入刀号对应的补偿号中。

6.程序验证

①输入以下程序:

```
M06    T1;
G54    G90    G00    X0    Y0;
G43    Z100    H1;
S600    M03;
G01    Z10    F200;
M05;
M30;
```

②首先选择"自动"方式,快速倍率和进给倍率调至较低,按下"循环启动"按钮;然后手指需放在"进给保持"按钮上,观察机床运动情况。发现情况不对时,立即按下"进给保持"按钮,退出程序,重新对刀。若发现刀具底部停在工件上表面中心以上 10 mm,则对刀正确。

7.关机

①检查机床情况,工作台应处在安全位置。

②按下急停开关。

③关闭系统电源。

④关闭机床电源。

【任务考评】

评价标准见表 2-2-1。

表 2-2-1　评价标准

任务名称						任务编号		
班　级			姓　名			学　号		
评价项目		评价标准	评价结果				分项评分	
			优	良	中	差		
考勤	迟到	无迟到、早退、旷课现象	5	4	3	0		
	早退		5	4	3	0		
	旷课		5	4	3	0		
工作任务完成情况	程序输入	能正确输入程序	10	8	5	0		
	操作规范	对刀规范,无加工碰撞与干涉,对加工过程中出现的异常情况做出正确处理	30	25	20	0		
	职业素质	着装整齐规范,遵守课堂纪律,在工作中态度端正,精神面貌,团结协作,遵守安全操作规程,无安全事故;及时保养、维护和清扫设备	15	10	5	0		

续表

评价项目		评价标准	评价结果				分项评分
			优	良	中	差	
任务报告	完成时间	按时完成	15	10	5	0	
	报告环节	内容正确,任务(项目)报告环节完整,书写整齐、字体工整	15	10	5	0	
合 计			100				

【任务训练】

1.对刀的目的是什么?简述对刀的原理。

2.常用的对刀方法有哪些?它们分别应用在什么场合?

3.对刀过程中突然断电,如果X,Y轴的对刀已完成,在重新启动机床后,X,Y轴还需要重新对刀吗?为什么?

4.简述试切对刀的过程。

项目三 零件手工编程与实践练习

任务一 平面和沟槽编程实例

【任务目标】

- 能进行安全操作；
- 能正确选择和使用铣刀，合理确定切削用量参数；
- 能合理制订加工工艺对平面和沟槽进行铣削加工；
- 能熟练掌握粗、精行切平面的走刀路线；
- 能熟练掌握沟槽的编程与加工；
- 能根据图样要求合理控制零件尺寸；
- 清扫卫生，维护机床，收工具。

【任务描述】

学校数控实训车间接到一批槽板零件的加工任务，零件图如图 3-1-1 所示，材料为铝合金（2Al2），可使用数控铣床或加工中心加工。要求学生在 6 学时内以合作的方式制订该零件的数控铣削加工工艺，手工编程完成样件的加工，并完成数控加工工序卡片的填写，以确保合理加工。任务内容如下：

①制订槽板零件的数控铣削加工工艺。

②以合作的方式完成槽板零件的加工。

③对槽板零件尺寸精度进行检测，并对误差进行分析。

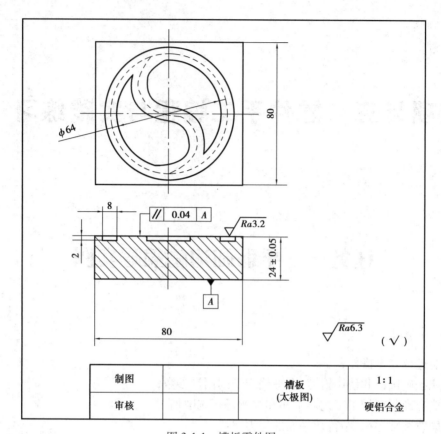

图 3-1-1　槽板零件图

【任务准备】

1.场地、设备、夹具、工具、刀具、量具及学习资料准备

①数控实训车间或仿真室。

②数控铣床或加工中心,三菱 M80 系统。

③夹具:机用虎钳。

④工具:机用虎钳扳手、内六角扳手、锁刀座、上刀扳手、BT40 刀柄、拉钉、等高垫铁、木锤、光电式寻边器及杠杆表等。

⑤刀具:$\phi 20$ mm 立铣刀,$\phi 8$ mm 键槽铣刀。

⑥量具:游标卡尺、表面粗糙度样板。

⑦学习资料:零件图样,工艺规程文件,针对本任务的学习指南、工作页、精度检验单等。

2.材料准备

毛坯:尺寸为 80 mm×80 mm×25 mm 的方形毛坯,材料为铝合金(2Al2)。

【相关知识】

一、常用准备功能指令

1.工件坐标系设定(G54—G59)

G54—G59 又称零点偏置指令,预定义 1—6 号工件坐标系,是一组模态指令,缺省为 G54。

2.绝对和相对坐标编程指令

①绝对坐标编程指令 G90 表示指令中的坐标值都是以坐标系原点为基准获得的。

②相对坐标编程指令 G91 相对坐标又称增量坐标,表示指令中各点的坐标值都是以它的前一点坐标为基准获得的,是刀具沿各坐标轴移动的距离。

G90 和 G91 是一组模态指令,缺省为 G90。编制程序时,程序开始必须指明编程方式。它们在使用时不带任何参数,只声明编程方式,不会改变坐标的位置。对同一个位置,选择的编程方式不同时,其坐标值也会不同,应根据具体情况加以选用。

3.快速定位指令 G00

快速定位指令使刀具以系统预先设定的速度从当前所在位置快速移动到指令指定的目标位置。该指令通常用在程序的开头和结束处。在程序开始刀具离工件较远时,用 G00 快速接近工件;程序结束时,用 G00 快速离开工件。

【编程格式】

G00　X　Y　Z

【说明】

①X,Y,Z 后面的坐标值表示快速移动的目标点的坐标。

②该指令只能用于快速定位,不能用于切削加工。

③快速定位的速度由数控机床参数决定,不受"F 指令"指明的进给速度影响。

④快速定位时,各坐标轴为独立控制而不是联动控制。

这样可能导致各坐标轴不能同时到达目标点,刀具移动轨迹是几条线段的组合,不是一条直线。

⑤空间定位时要避免斜插。

为了避免刀具运动时与夹具或工件碰撞,尽量避免 Z 轴与其他轴同时运动(即斜插)。因此,建议下刀时,先运动 X,Y 轴,再运动 Z 轴;抬刀时,则相反。

⑥该指令为模态指令,即在没有出现同组其他指令(如 G01,G02,G03)时,将一直有效。

⑦该指令使用时,不运动的坐标可省略。

4.直线插补指令 G01

直线插补指令控制刀具从当前位置开始以给定的进给速度沿直线轨迹移动到指令中

指定的目标位置。通常用于加工轨迹为直线的切削场合。

【编程格式】

G01　X　Y　Z　（F）

【说明】

①X,Y,Z后面的坐标值表示直线移动的终点坐标。

②该指令各坐标轴的运动为联动,因此,刀具轨迹为起点至终点的一条直线。

③该指令用于直线切削,进给速度由F指令指明。因此,编程时在本指令或本指令之前必须指明进给速度。

④该指令为模态指令,由同组的其他指令(如G00,G02,G03)取消。

⑤不运动的坐标可以省略。

5.圆弧插补指令 G02/C03

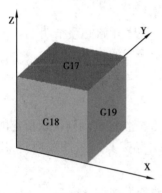

图 3-1-2　插补平面的选择

圆弧插补指令可使刀具在指定的坐标平面内,以指定的进给速度,从当前位置(圆弧的起点),沿圆弧移动到指令给出的目标位置(圆弧的终点),从而切削出圆弧轨迹。G02为顺时针圆弧插补指令,G03为逆时针插补指令。

1)插补平面的选择 G17/G18/G19(见图 3-1-2)

G17:设定加工平面为 X-Y 平面。

G18:设定加工平面为 X-Z 平面。

G19:设定加工平面为 Y-Z 平面。

【说明】

①该指令不带参数。

②大多数的数控系统默认加工平面为 XY 平面,若圆弧插补在 XY 平面时,G17 指令可省略。其他平面不能省略,必须指明。

③该指令为模态指令。

2)顺圆插补指令 G02 和逆圆插补指令 G03 的判断

根据加工方向的不同,圆弧插补指令可分为顺时针圆弧插补指令 G02 和逆时针圆弧插补指令 G03。一个圆弧轨迹的加工,即使圆弧的起点、终点相同,半径也相同。如果加工方向不同,也会出现两种不同的加工轨迹,如图 3-1-3(a)所示。因此,必须在程序中指明插补方向。

判断方法:如图 3-1-3(b)所示,沿着与指定坐标平面垂直的坐标轴,由正方向向负方向看,顺着刀具走刀的方向,顺时针切削为顺圆插补方式 G02,逆时针切削为逆圆插补方式 G03。

3)圆弧插补指令的两种编程方式

(1)终点半径方式

若已知圆弧终点坐标、圆弧半径和加工方向可选择终点半径方式的圆弧插补指令。该方式适合加工部分圆弧。

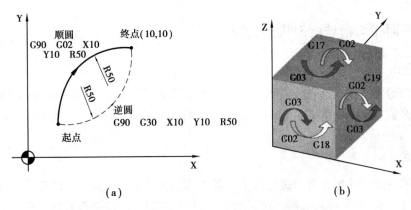

图 3-1-3 G02,G03 的判断

【编程格式】

$$
\left.\begin{matrix} G17 \\ G18 \\ G19 \end{matrix}\right\} \left\{\begin{matrix} G02 \\ G03 \end{matrix}\right\} \left.\begin{matrix} X\_\_\ X\_\_ \\ X\_\_\ Z\_\_ \\ Y\_\_\ Z\_\_ \end{matrix}\right\} \ R\_\_ \ (F\_\_);
$$

【说明】

①终点半径方式不能加工整圆。

②X,Y,Z 表示圆弧终点坐标,可以是绝对坐标,也可以是相对坐标,由 G90 或 G91 指定。使用 G91 指令时是圆弧终点相对于圆弧起点的增量坐标。

③指令 R__表示圆弧的半径值,有正负之分。即使圆弧的起点、终点、半径及加工方向都相同,也可加工出两种圆弧(圆心角大于 $180°$ 的圆弧和圆心角小于 $180°$ 的圆弧)。为了保证加工的唯一性,规定:当圆弧所夹的圆心角为 $0°<\alpha\leqslant180°$ 时,R 后面为正的半径值,"+"可省略;当 $180°<\alpha<360°$ 时,R 后面为负的半径值。

(2)终点圆心方式

若已知圆弧终点坐标、圆心坐标和加工方向,可选择终点圆心方式的圆弧插补指令。该方式可加工所有圆弧。当圆心角 $\alpha=360°$ 时,即加工一整圆时,只能采用终点圆心方式编程。

【编程格式】

$$
\left.\begin{matrix} G17 \\ G18 \\ G19 \end{matrix}\right\} \left\{\begin{matrix} G02 \\ G03 \end{matrix}\right\} \left.\begin{matrix} X\_\_\ X\_\_ \\ X\_\_\ Z\_\_ \\ Y\_\_\ Z\_\_ \end{matrix}\right\} \left\{\begin{matrix} I\_\_\ J\_\_ \\ I\_\_\ K\_\_ \\ J\_\_\ K\_\_ \end{matrix}\right\} \ (F\_\_);
$$

【说明】

①J,K 表示圆心坐标,为相对值,分别为圆心相对于圆弧起点在 X,Y,Z 轴方向的增量坐标,有正负之分。

②若圆心与圆弧起点在某一方向上的相对值为 0 时,该方向上的圆心坐标在编程时可省略不写。

二、平面和沟槽铣削刀具的选择

1.大平面

大平面的铣削优先选择面铣刀。面铣刀的圆周表面和端面上都有切削刃,面铣刀多制成套式镶齿结构,如图3-1-4所示。刀齿材料一般为高速钢或硬质合金,刀体材料为40Cr。

2.小平面

较小的平面可使用立铣刀进行加工。其结构如图3-1-5所示。立铣刀的圆柱表面和端面上都有切削刃,圆柱表面的切削刃为主切削刃,端面上的切削刃为副切削刃。主切削刃一般为螺旋齿,这样可增加切削平稳性,提高加工精度。普通立铣刀端面中心处无切削刃,不能作轴向进给,底刃过中心的立铣刀虽然能轴向进给,但也要尽量避免当钻头使用。

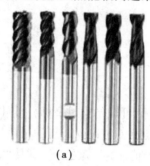

（a）　　　　　　　　　（b）

图3-1-4　面铣刀　　　　　　　　图3-1-5　立铣刀

3.沟槽

沟槽一般使用键槽铣刀或立铣刀加工。键槽铣刀的外形与立铣刀相似,不同的是它在圆周上只有两个螺旋刀齿,其端面刀齿的刀刃延伸至中心,既像立铣刀,又像钻头,如图3-1-6所示。它主要用于加工圆头封闭的沟槽,加工时首先轴向进给达到槽深,然后沿槽的方向铣出沟槽全长。

图3-1-6　键槽铣刀

三、加工顺序的安排

加工顺序安排的科学与否将直接影响零件的加工质量、生产率和加工成本。加工顺序通常按以下原则安排:

①"基面先行"原则。用作精基准的表面应先加工。任何零件的加工过程总是先对定位基准进行加工,因为作为基准的表面越精确,装夹误差越小。

②"先粗后精"原则。当加工零件精度要求较高时都要经过粗加工、半精加工、精加工阶段，如果精度要求更高，甚至还包括光整加工阶段。加工时，要先进行粗加工，再进行精加工。

③"先主后次"原则。即首先加工主要表面，然后加工次要表面。

④"先面后孔"原则。对箱体、支架等零件，平面尺寸轮廓较大，用平面定位较稳定，而且孔的深度尺寸又是以平面为基准的，故应首先加工平面，然后加工孔。

四、切削用量的确定

铣削加工的切削用量包括切削速度 v_c、进给速度 v_f、背吃刀量 α_p 和侧吃刀量 α_e。铣削用量的选择应根据工件的加工精度、刀具寿命及机床的刚度，在保证加工质量的前提下，充分发挥机床的工作效能和刀具的切削性能。在工艺系统刚性允许的条件下，粗加工时，一般首先选取较大的背吃刀量，其次确定较大的进给速度，最后确定合适的切削速度。精加工时，一般是选择合适的 α_p，较小的 v_f，较高的 v_c。

1.背吃刀量和侧吃刀量

背吃刀量 α_p 为平行于铣刀轴线方向测量的切削层尺寸。侧吃刀量 α_e 为垂直于铣刀轴线方向测量的切削层尺寸。

背吃刀量或侧吃刀量的选取主要由加工余量和对表面质量的要求决定。

①工件表面粗糙度 Ra 值为 12.5~25 μm 时，若余量不大，力求粗加工一次进给完成。但是在余量较大或工艺系统刚性较差或机床动力不足时，可分多层切削完成。

②在工件表面粗糙度 Ra 值为 32~12.5 μm 时，可分粗铣和精铣两步进行。粗铣后，留 0.2~0.5 mm 的余量，在精铣时切除。

③在工件表面粗糙度 Ra 值为 0.8~3.2 μm 时，可分粗铣、半精铣、精铣 3 步进行。粗铣后，留 0.5~2 mm 的余量；半精铣后，留 0.1~0.4 mm 的余量，在精铣时完成。

2.切削速度

切削速度主要取决于被加工零件的材料、刀具材料、刀具的耐用度及零件表面粗糙度等因素，可参考表 3-1-1，也可根据经验选取。

表 3-1-1 铣削的切削速度推荐值/(m·min⁻¹)

工件材料		铸　铁		钢及其合金		铝及其合金	
刀具材料		高速钢	硬质合金	高速钢	硬质合金	高速钢	硬质合金
铣	粗铣	10~20	40~60	15~25	50~80	150~200	350~500
	精铣	20~30	60~120	20~40	80~150	200~300	500~800
镗	粗镗	20~25	35~50	15~30	50~70	80~150	100~200
	精镗	30~40	60~80	40~50	90~120	150~300	200~400

续表

工件材料		铸　铁		钢及其合金		铝及其合金	
钻孔		15～25	—	10～20	—	50～70	—
扩孔	通孔	10～15	30～40	10～20	35～60	30～40	—
	沉孔	8～12	25～30	8～11	30～50	20～30	—
铰孔		6～10	30～50	6～20	20～50	50～75	—
攻螺纹		2.5～5	—	1.5～5	—	5～15	—

在数控程序中,一般要指定主轴转速 n。通常是在确定了切削速度 v_c 和刀具直径 D 之后,用公式计算得

$$n = \frac{1\,000v_c}{\pi D}$$

3.进给速度

进给速度 n 是单位时间内工件与铣刀沿进给方向的相对位移,它与铣刀转速 n、铣刀齿数 z 及每齿进给量 f_z 的关系为

$$v_f = f_z z n$$

每齿进给量 f_z 的选取主要取决于工件材料的力学性能、刀具材料和工件表面粗糙度等因素。工件材料的强度和硬度越高,每齿进给量越小;反之,则越大。硬质合金铣刀的每齿进给量高于同类高速钢铣刀。工件表面粗糙度要求越高,每齿进给量就越小。工艺系统刚性差,每齿进给量应取较小值。每齿进给量的确定可参考表 3-1-2 选取,也可根据经验选取。

表 3-1-2　铣刀每齿进给量推荐值/$(mm \cdot z^{-1})$

工件材料	硬度(HBW)	高速钢铣刀		硬质合金铣刀	
		立铣刀	端铣刀	立铣刀	端铣刀
低碳钢	<150	0.04～0.20	0.15～0.30	0.07～0.25	0.20～0.40
	150～200	0.03～0.18	0.15～0.30	0.06～0.22	0.20～0.35
中、高碳钢	<200	0.04～0.20	0.15～0.20	0.06～0.22	0.15～0.35
	225～325	0.03～0.15	0.10～0.20	0.05～0.20	0.12～0.25
	325～425	0.03～0.12	0.08～0.15	0.04～0.15	0.10～0.20
灰铸铁	150～180	0.07～0.18	0.20～0.35	0.12～0.25	0.20～0.50
	180～220	0.05～0.15	0.15～0.30	0.10～0.20	0.20～0.40
	220～300	0.03～0.10	0.10～0.15	0.08～0.15	0.15～0.30
铝合金	95～100	0.05～0.12	0.20～0.30	0.08～0.30	0.15～0.38

【任务实施】

一、任务分析

本任务要求铣削长方体毛坯的上下两个表面,保证高度为 24±0.05 mm,上表面粗糙度为 Ra3.2 μm,与基准表面的平行度公差为 0.04 mm;在上表面铣削一宽度为 8 mm、深度为 2 mm 的沟槽,毛坯材料为铝合金(2Al2)。根据实训车间的设备情况和学生技能情况,可在规定的时间内完成,达到质量要求。

二、制订加工工艺

1.工艺分析

1)装夹、定位

采用机用虎钳装夹,底部用等高垫铁垫起,保证工件上表面高出钳口一个安全距离,找正并夹紧工件。

2)工序安排加工顺序

根据"基面先行""先粗后精"的原则,制订以下工序步骤:

①粗铣基准平面 A。

②以基准平面 A 作为定位基准,用等高垫铁垫起工件,保证毛坯高出钳口一个安全距离,找正并夹紧工件,粗、精铣工件上表面。

③铣削沟槽。

3)刀具、量具选择

刀具:基准平面 A 和工件上表面用 ϕ20 mm 的三齿高速钢立铣刀铣削,沟槽用 ϕ8 mm 键槽铣刀铣削。

量具:0~150 m 的游标卡尺,表面粗糙度样板。

4)合理设计走刀路线

注意确定起刀点、下刀点、抬刀点以及加工轨迹。

平面加工:刀具自平面 4 个角的任何一个外侧下刀,采用行切法。粗铣时,为了提高效率,双向加工;精铣时,为了保证精度,采用单向加工。

沟槽加工:刀具自下刀点处垂直下刀至槽底,沿沟槽加工完毕抬刀,尽量避免重复走刀。

5)确定切削用量

根据工序安排的工艺路线,确定各切削用量,见表3-1-3。

表 3-1-3　切削用量

序号	加工项目	刀　具	背吃刀量 /mm	主轴转速 /(r·min⁻¹)	进给速度 /(mm·min⁻¹)
1	粗铣基准平面 A	ϕ20 mm 立铣刀	0.3（粗铣）	700	260
2	铣工件上表面	ϕ20 mm 立铣刀	0.5（粗铣）	700	260
			≈0.2（精铣）	900	180
3	铣槽	ϕ8 mm 立铣刀	2	1 200	240

注：开始实训时考虑学生的安全性，主轴转速和进给量数值可小些。随着学生不断熟练，参数应不断提高，但应避免积屑瘤的产生。

2.填写工序卡片（见表 3-1-4）

表 3-1-4　数控加工工序卡片（学生填写）

零件图号	3-1-1	数控加工工序卡片		机床型号		
零件名称	槽板			机床编号		
零件材料	铝合金			使用夹具	机用虎钳	
工步描述						
工步编号	工步内容	刀具编号	刀具规格	主轴转速 /(r·min⁻¹)	进给速度 /(mm·min⁻¹)	背吃刀量 /mm	刀具偏置
1							
2							
3							
4							

三、程序编制

选择工件上表面的中心为工件原点，并设置在 G54 上。

1.表面粗加工参考程序（见表 3-1-5）

表 3-1-5　上表面粗加工参考程序

程　序		含义（学生填写）
程序名	O1234 主程序	
N2	G54;	

续表

程 序		含义（学生填写）
N4	G90　G00　X55　Y-32；	
N6	M03　S700　F260；	
N8	Z5；	
N10	G01　Z-0.5；（以表面加工平面数据为准）	
N12	X-55；	
N14	Y-16；	
N16	X55；	
N18	Y0；	
N20	X-55；	
N22	Y16；	
N24	X55；	
N26	Y32；	
N28	X-55；	
N30	G00　Z100　M05；	
N32	M30；	

2. 上表面及沟槽精加工参考程序（见表 3-1-6）

表 3-1-6　上表面精加工参考程序

程 序		含义（学生填写）
程序名	O3001 主程序	
N2	T01　M06；	
N4	G54　G90　G00　X55　Y-32；	
N6	M03　S900　F180　T02；	
N8	Z5；	
N10	G01　Z-0.7；	
N12	X-55；	

续表

程　　序		含义（学生填写）
N14	Y−55；	
N16	X55；	
N18	Y−16；	
N20	X−55；	
N22	Y−55；	
N24	X55；	
N26	Y0；	
N28	X−55；	
N30	Y−55；	
N32	X55；	
N34	Y16；	
N36	X−55；	
N38	Y−55；	
N40	X55；	
N42	Y32；	
N44	G01　X−55；	
N46	G00　Z100　M05；	
N48	T02　M06；	
N50	G55　G90　G00　X0　Y32；	
N52	M03　S1200　F240	
N54	Z5；	
N56	Z−2.7；	
N58	G03　J−32；	
N60	G03　X0　Y0　R16；	
N62	G02　Y−32　R16；	
N64	G00　Z100　M05　T01；	
N66	M30；	

四、加工工件

1.加工准备

按照数控铣床或加工中心操作规程进行操作,注意一人操作,其他同学认真观察。

①开机、回参考点。

②阅读零件图,检查毛坯尺寸。

③装夹找正工件。

④装夹刀具,装上立铣刀,ϕ20 mm 放到刀库 1 号,ϕ8 mm 放到刀库 2 号。

⑤当前刀换为 1 号刀,对刀并设定工件坐标系 G54;2 号刀,对刀坐标系为 G55。

⑥输入程序。

⑦程序校验。

把工件坐标系的 Z 轴朝正方向平移 50 mm,方法是在坐标系界面下,番号 00 G54 的 Z 中设置为 50,如图 3-1-7 所示。打开图形模拟窗口,按下循环启动键,降低进给速度,检查刀具运动是否正确。

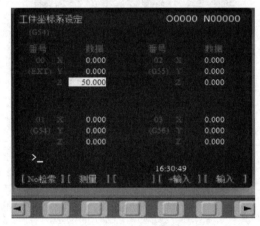

图 3-1-7 平移坐标系设置

2.加工工件

①粗铣基准平面 A。在"编辑"方式下,打开"01234"程序,切换至"自动"方式,打开"单段"功能,主轴倍率调至 100%,进给倍率和快速倍率调至较低,按"循环启动"按钮。注意观察刀具运动情况,防止撞刀和意外(如发现情况不对,迅速按下"进给保持"按钮),如图 3-1-8 所示。待刀具正常切削后,可关闭"单段"功能,但要时刻注意程序运行情况。

②粗铣工件上表面。翻转工件,定位夹紧,重新对 1 号刀,调用"01234"程序,粗铣上表面,测量这时工件的高度,修改程序中下刀的程序段,保证工件的高度尺寸。

③精铣工件上表面及铣削沟槽。手动换 2 号刀并进行对刀,刀补值在 G55 里面输入

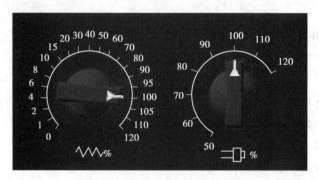

图 3-1-8 倍率旋钮的调整

Z 值（X,Y 坐标值可参考 G54,Z 需重新确认），打开"3001"程序，自动加工上表面及沟槽，如图 3-1-9 所示。

④松开夹具，卸下工件，清理机床。

图 3-1-9 加工完成零件

注意：

①由于直接用刀具的中心按图样尺寸编程，刀具是有直径的，因此，确定下刀点时，要特别注意，确保设定在毛坯以外。

②若使用面铣刀加工平面，可手动加工，也可编写程序自动加工。粗铣时，选择的铣刀直径应小些；精铣时，铣刀直径应大些，尽量包容工件的整个加工宽度，以提高加工精度和效率。

③使用面铣刀对刀及手动铣削平面时，应慢速进给，防止切削刃过快切入工件，导致崩刀。

【任务考评】

零件加工质量检测标准见表 3-1-7。

表 3-1-7 评分标准

总分			姓名		日期		加工时长			
项目	序号	技术要求		配分	评分标准			学生自测	老师检测	得分
尺寸检测	1	高度 24±0.05 mm		20	超差 0.01 扣 1 分					
	2	槽宽 8 mm		10	超差 0.01 扣 1 分					
	3	槽深 2 mm		10	超差 0.01 扣 1 分					
	4	表面粗糙度 Ra3.2 μm		10	每降一级扣 2 分					
	5	表面粗糙度 Ra6.3 μm		10	每降一级扣 2 分					
编程	6	加工工序卡		10	不合理每处扣 1 分					
	7	程序正确、简单、规范		10	每错一处扣 1 分					
操作	8	机床操作规范		5	出错一次扣 1 分					
	9	工件、刀具装夹正确		5	出错一次扣 1 分					
安全	10	安全操作		5	安全事故停止操作					
	11	整理机床、维护保养		5	酌情扣分					
合　计				100						

【任务训练】

1.在 60 mm×60 mm×20 mm 的铝合金毛坯上,自选刀具、自定切削用量参数加工如图 3-1-10 所示的零件。

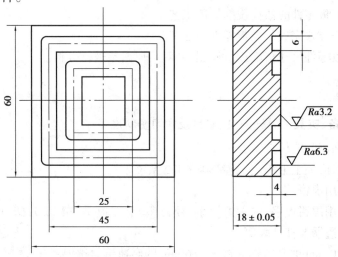

图 3-1-10 沟槽零件加工训练

2.要求在 60 mm×60 mm×20 mm 的毛坯上表面,自己设计尺寸,加工如"B,O,S,C,D,R,丰,品"等字母或汉字,槽宽 6 mm,槽深 2 mm,毛坯材料为铝合金,选择合适的刀具,自编程序进行加工。

任务二　外轮廓编程实例

【任务目标】

- 能进行安全操作;
- 能正确选择和使用铣刀,合理确定切削用量参数;
- 能合理制订加工工艺对外轮廓进行铣削加工;
- 能熟练掌握外轮廓加工的走刀路线;
- 能熟练掌握沟槽的编程与加工;
- 能根据图样要求合理控制零件尺寸;
- 清扫卫生,维护机床,收工具。

【任务描述】

学校数控实训车间接到一批凸模板零件的加工任务,零件图如图 3-2-1 所示,材料为铝合金(2Al2),可使用数控铣床或加工中心加工。要求学生在 6 学时内以合作的方式制订该零件的数控铣削加工工艺,自编程序完成零件样件的加工,并完成工艺规程表指导生产,以确定能否投产加工。任务内容如下:

①制订凸模板零件的数控铣削加工工艺。
②以合作的方式完成凸模板零件的加工。
③对凸模板零件尺寸精度进行检测,并对几何误差进行分析。

【任务准备】

1.场地、设备、夹具、工具、刀具、量具及学习资料准备

①数控实训车间或仿真室。
②数控铣床或加工中心,三菱 M80/M800 系统。
③夹具:机用虎钳。
④工具:机用虎钳扳手、内六角扳手、锁刀座、上刀扳手、BT40 刀柄、拉钉、等高垫铁、木锤、光电式寻边器及杠杆表等。
⑤刀具:ϕ20 mm 的高速钢立铣刀,ϕ6 mm 的高速钢立铣刀。

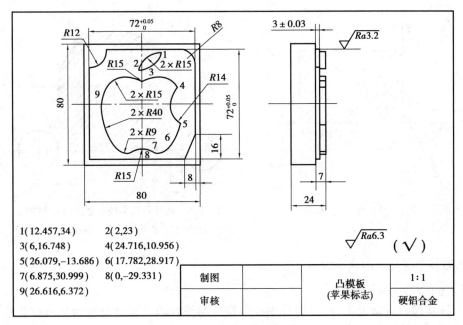

1(12.457,34)	2(2,23)
3(6,16.748)	4(24.716,10.956)
5(26.079,−13.686)	6(17.782,28.917)
7(6.875,30.999)	8(0,−29.331)
9(26.616,6.372)	

$\sqrt{Ra6.3}$ (√)

制图		凸模板	1:1
审核		(苹果标志)	硬铝合金

图 3-2-1　凸模板零件图

⑥量具:游标卡尺、螺旋千分尺、深度千分尺、表面粗糙度样板、R 样板规。

⑦学习资料:零件图样,工艺规程文件,针对本任务的学习指南、工作页、精度检验单等。

2.材料准备

毛坯:尺寸为 80 mm×80 mm×25 mm 的方形毛坯,材料为铝合金(2Al2)。

【相关知识】

一、刀具半径补偿功能

1.刀具半径补偿的用途

①简化编程。使编程人员编程时不用考虑刀具半径,只需根据零件的轮廓形状编程即可。

②当刀具因磨损、重磨或更换等原因使刀具半径发生变化时,不需要修改零件程序,只需修改存放在刀具半径寄存器中的刀具半径值即可,如图 3-2-2 所示。

③通过修改刀具半径补偿值或磨耗值,可使用同一程序、同一刀具完成零件的粗加工、半精加工和精加工,如图 3-2-3 所示。

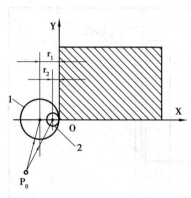

图 3-2-2 刀具直径变化,程序不变

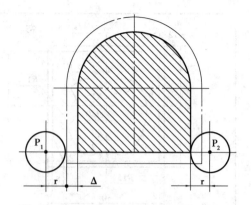

图 3-2-3 利用刀具半径补偿进行粗精加工

P_1—粗加工刀心轨迹;P_2—精加工刀心轨迹

2.刀具半径补偿的 3 个阶段

1)建立刀具半径补偿

刀具从起刀点接近工件时,刀具中心轨迹从与编程轨迹重合过渡到与编程轨迹偏离一个刀具半径补偿值的过程。使用建立刀具半径补偿指令(G41/G42)。

2)进行刀具半径补偿

建立刀具半径补偿指令一经执行将一直有效,刀具中心始终与编程轨迹相距一个刀具半径补偿值直到刀补取消。

3)取消刀具半径补偿

刀具离开工件后,使刀具中心轨迹重新过渡到与编程轨迹重合的过程。使用取消刀具半径补偿指令(G40)。

3.建立刀具半径补偿指令

根据偏移的方向,建立刀具半径补偿的指令有两条,刀具半径左补偿 G41 和刀具半径右补偿 G42。

【编程格式】

$$\begin{Bmatrix} G17 \\ G18 \\ G19 \end{Bmatrix} \begin{Bmatrix} G41 \\ G42 \end{Bmatrix} \begin{Bmatrix} G00 \\ G01 \end{Bmatrix} \begin{Bmatrix} X\_\_ & Y\_\_ \\ X\_\_ & Z\_\_ \\ X\_\_ & Z\_\_ \end{Bmatrix} \quad D\_\_ ;$$

【说明】

①X__ Y__:建立或取消刀具半径补偿的终点坐标值。

②D__:刀具补偿寄存器号。

③左右补偿的判断。如图 3-2-4 所示,假设工件不动,沿着刀具运动方向看。刀具位于轮廓线左侧时,为刀具半径左补偿,用 G41;刀具位于轮廓线右侧时,为刀具半径右补偿,用 G42。

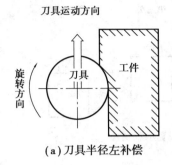
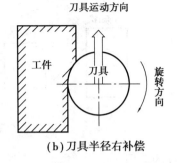

（a）刀具半径左补偿　　　　　　　　（b）刀具半径右补偿

图 3-2-4　刀具半径左右补偿的判断

4.取消刀具半径补偿指令

【编程格式】

$$
\begin{Bmatrix} G17 \\ G18 \\ G19 \end{Bmatrix} G40 \begin{Bmatrix} G00 \\ G01 \end{Bmatrix} \begin{Bmatrix} X\_\_ & Y\_\_ \\ X\_\_ & Z\_\_ \\ X\_\_ & Z\_\_ \end{Bmatrix};
$$

【说明】

取消刀补时,不用指明刀补号。

5.使用刀具半径补偿指令的注意事项

①尽可能在切入工件之前建立刀具半径补偿,切出工件之后取消刀具半径补偿,防止出现过切。

②刀具半径补偿是在刀具直线移动过程中建立或取消的,只能用 G00 或 G01。若建立或取消的过程中刀具和工件无接触使用 G0,否则使用 G01。

③刀具从当前位置到 X,Y 指定位置的距离必须大于刀具半径补偿值,才能建立或取消刀具半径补偿。

④只有在刀具半径补偿寄存器中预存了数值,刀具半径补偿才能起作用。

二、子程序的应用

在实际生产中,经常遇到重复性的加工动作。例如,零件 Z 向分层加工时,每一层的动作都是相同的,或在一个零件上加工多个完全相同的结构。此时,可将这部分重复动作编写成一个程序并单独命名,这就是子程序。

子程序一般不能作为独立的加工程序使用。它只能通过调用实现加工中的动作。调用子程序的程序,称为主程序。被调用的子程序还可调用其他子程序,即子程序允许嵌套,如图 3-2-5 所示。

1.子程序的结构

在大多数的数控系统中,子程序和主程序并无本质区别,只是结束标记不同。FANUC系统和华中数控的子程序均用 M99 指令结束。

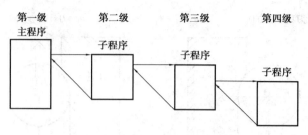

图 3-2-5　子程序嵌套示意图

2.子程序的调用

【编程格式】

M98　P＿＿　L＿＿；　　　　　　　　子程序的调用

【说明】

①P 后的 4 位数字用于指定子程序名;L 后的 4 位数字(1～9 999 次)用于指定重复调用次数,省略时视为 L1 调用一次。

②M99 从子程序返回,写在子程序的最后一个程序段。

3.绝对和相对坐标编程指令

①绝对坐标编程指令 G90 表示指令中的坐标值都是以坐标系原点为基准获得的。

②相对坐标编程指令 G91 相对坐标又称增量坐标,表示指令中各点的坐标值都是以它的前一点坐标为基准获得的,是刀具沿各坐标轴移动的距离。

G90 和 G91 是一组模态指令,缺省为 G90。编制程序时,程序开始必须指明编程方式。它们在使用时不带任何参数,只声明编程方式,不会改变坐标的位置。对同一个位置,选择的编程方式不同时,坐标值也会不同,应根据具体情况加以选用。

三、轮廓铣削刀具的选择

在数控加工中,轮廓铣削常用平底立铣刀。在选择刀具时,为提高铣削效率,应尽量选择直径较大的铣刀。但是,铣刀直径往往受加工部位的几何形状、刚性等因素的限制,如图 3-2-6 所示。

> **注意:**
>
> ①刀具半径($D/2$)应小于工件的最小内拐角半径 R,一般取 $D/2=(0.8\sim0.9)R$,以免产生切不到的现象。
>
> ②刀具底的圆角半径 r 一般选择与工件根部圆角半径相等。若无法相等,则应选择刀具底的圆角半径 r 大于工件的根部圆角半径。
>
> ③在选择刀具长度 L 和刃口长度 l 时,应考虑机床的自身情况及零件的尺寸。在条件允许的情况下,L 尽量短一些,以提高刀具的刚度;选取 $l=H+r+(5\sim10)$ mm。

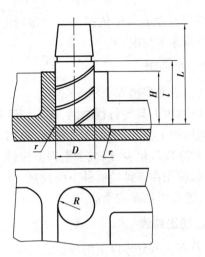

图 3-2-6　立铣刀主要参数的选用

四、顺铣和逆铣的选择

铣削有顺铣和逆铣两种方式。当铣刀旋转方向与工件进给方向相同时,称为顺铣。顺铣时,刀齿一开始和工件接触时的切削厚度最大,刀齿切入工件过程中没有滑移现象,如图 3-2-7(a)所示。当工件表面无硬皮,机床进给机构无间隙时,应选用顺铣,按照顺铣安排走刀路线,因采用顺铣加工后,零件已加工表面质量好,刀齿磨损小。精铣时,应尽量采用顺铣,可减少加工中的"颤振",提高加工质量。

当铣刀旋转方向与工件进给方向相反时,称为逆铣。逆铣时,切屑由薄变厚,刀齿从已加工表面切入,对铣刀使用有利,不会崩刃。但刀齿在切入工件过程中,有滑移现象,易产生摩擦,影响工件表面的表面粗糙度,如图 3-2-7(b)所示。如果工件表面有硬皮,机床的进给机构有间隙时,应选用逆铣,按照逆铣安排走刀路线。逆铣适用于粗加工,装夹可靠的场合。

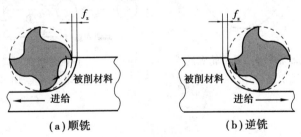

(a)顺铣　　　　　　　　　　(b)逆铣

图 3-2-7　顺铣和逆铣

五、外轮廓加工的走刀路线及进退刀

走刀路线是刀具在整个加工工序中的运动轨迹,即刀具从起刀点开始进给运动起,直到程序结束返回起刀点所经过的所有路径,包括了切削加工的路径及刀具切入切出等非切削空行程。走刀路线是编写程序的重要依据之一。在确定走刀路线时,应充分考虑加工表面的质量、精度、效率及机床等情况。

1.确定走刀路线时应遵循的原则

①保证零件的加工精度和表面粗糙度要求。

②应使走刀路线最短,以减少刀具空行程时间,提高加工效率。

③数控铣削尽量采用顺铣加工方式,先加工外轮廓,再加工内轮廓。

④应使数值计算简单,程序段数量少,以减少编程工作量。

铣削外轮廓时,刀具一般应先在工件轮廓外下降到某一位置,再开始在水平面内切削加工;轮廓加工完毕切出后,刀具再抬至安全高度。

2.外轮廓铣削时的切入、切出路线

轮廓铣削加工的进、退刀方式可分为以下两种:

1)法线进、退刀

法线进、退刀是沿工件轮廓线的法线切入、切出。其走刀路线短,切削效率相对较高,但容易在进、退刀位置留下刀痕,故主要用于粗加工、半精加工或表面质量要求不高的工件。

2)切线进、退刀

切线进、退刀是指沿工件轮廓的延伸线或切线切入、切出,如图 3-2-8、图 3-2-9 所示。为了保证表面质量,精加工轮廓时应尽量采用切线进、退刀。

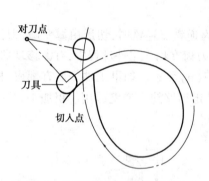

图 3-2-8　外轮廓加工时刀具沿轮廓的
延伸线切入、切出

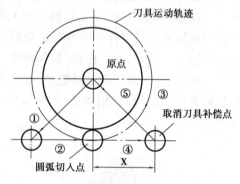

图 3-2-9　铣削外整圆时刀具沿圆弧的
切线切入、切出

【任务实施】

一、任务分析

本任务要铣削两层凸台,底层凸台为底座,有一 $R12$ mm 的内凹圆角,高度为 3 ± 0.03 mm,上层凸台为苹果标志,由苹果和叶子两部分,每部分均由多段圆弧组成,高度为 4 ± 0.03 mm,除底座侧壁表面粗糙度为 $Ra3.2$ μm 外,其余部分的表面粗糙度均为 $Ra6.3$ μm,

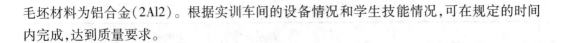

毛坯材料为铝合金(2Al2)。根据实训车间的设备情况和学生技能情况,可在规定的时间内完成,达到质量要求。

二、制订加工工艺

1.工艺分析

1)装夹、定位

采用机用虎钳装夹,底部用等高垫铁垫起,保证工件上表面高出钳口一个安全距离,找正并夹紧工件。

2)工序安排加工顺序

根据"先粗后精"的原则,制订以下工序步骤:

①粗、精铣零件上表面,保证零件高度尺寸 24 mm。

②粗、半精、精铣底座凸台。

③粗、半精、精铣苹果标志和叶形凸起。

3)刀具、量具选择

刀具:ϕ20 mm 的三齿高速钢立铣刀铣削上表面和底座凸台,ϕ6 mm 的立铣刀铣削苹果标志。

量具:0~150 mm 的游标卡尺,50~75 mm 的螺旋千分尺,0~25 m 的深度千分尺,表面粗糙度样板,R 样板规。

4)合理设计走刀路线

注意确定起刀点、下刀点、抬刀点以及加工轨迹。

平面铣:略。

轮廓铣:因零件无硬皮,故为了保证表面质量,粗精加工均采用顺铣方式,进退刀采用圆弧切入切出方式。

底座:在工件靠近操作者方向的左侧毛坯外确定下刀点,下刀后向右建立刀具半径补偿,沿轮廓延伸线切入工件,顺时针走刀一周,沿轮廓延伸线切出工件,取消刀具半径补偿后抬刀。

苹果标志:自工件靠近操作者一侧中间确定下刀点,向右前方建立刀具半径补偿,沿圆弧切入工件,顺时针走刀一周,沿圆弧切出工件,取消刀具半径补偿后抬刀。

叶形凸起:自工件背离操作者方向右侧确定下刀点,下刀后向左建立刀具半径补偿,沿直线切入,顺时针走刀一周,向右沿直线切出工件后取消刀具半径补偿。

5)确定切削用量

确定切削用量,见表3-2-1。

表 3-2-1　切削用量

序号	加工项目	刀具	背吃刀量 /mm	主轴转速 /(r·min⁻¹)	进给速度 /(mm·min⁻¹)
1	粗、精铣工件上表面	ϕ20 mm 立铣刀	0.7(粗铣)	800	240
			0.3(精铣)	1 000	180
2	铣工件上表面	ϕ20 mm 立铣刀	1.75(粗铣)	800	240
			0.7(半精、精铣)	1 000	180
3	铣槽	ϕ6 mm 立铣刀	1(粗铣)	1 500	360
			0.4(半精、精铣)	1 700	200

2.填写工序卡片(见表 3-2-2)

表 3-2-2　数控加工工序卡片(学生填写)

零件图号	3-2-1	数控加工工序卡片	机床型号	
零件名称	凸模板		机床编号	
零件材料	铝合金		使用夹具	机用虎钳

工步描述							
工步编号	工步内容	刀具编号	刀具规格	主轴转速 /(r·min⁻¹)	进给速度 /(mm·min⁻¹)	背吃刀量 /mm	刀具偏置
1							
2							
3							
4							
5							

三、程序编制

选择工件上表面的中心为工件原点,并设置在 G54 上。

①上表面的粗、精铣参考程序见任务 3.1。

②凸模板的粗、精铣参考程序见表 3-2-3。

表 3-2-3 底座凸台的粗、精铣参考程序

程 序		含义（学生填写）
程序名	O3002 主程序	
N2	M06 T1;	
N4	G54 G17 G40;	
N6	G90 G00 X-55 Y-55;	
N8	M03 S800 F240;/精 S1000 F180	
N10	Z5;	
N12	G01 Z1;	
N14	M98 P0021 L4;/精 L1	
N16	G00 Z100 M05;	
N18	M06 T2;	
N20	G55 G90 G00 X0 Y-48;	
N22	M03 S1500 F360;/精 S1700 F200;	
N24	Z5;	
N26	G01 Z0;	
N28	M98 P0022 L4;/精 L1;	
N30	G00 Z20;	
N32	G00 X18 Y40;	
N34	Z5;	
N36	G01 Z0;	
N38	M98 P0023 L4;/精 L1;	
N40	G00 Z100;	
N42	M30;	
N44		
N46	O00021 子程序	
N48	G91 G01 Z-1.75;/精 Z-7;	

续表

程　序	含义（学生填写）
N50	G90　G41　X-36　D01；	
N52	Y24；	
N54	G03　X-24　Y36　R12；	
N56	G01　X28；	
N58	G02　X36　Y28　R8；	
N60	G01　Y-20；	
N62	X26　Y-32；	
N64	X-55；	
N66	G40　G01　Y-55；	
N68	M99；	
N70		
N72	O0022　子程序	
N74	G91　G01　Z-1；/精 Z-4；	
N76	G90　G41　X8　Y-37.331　D02；/精 D02＝3 或实测	
N78	G03　X0　Y-29.331　R8；	
N80	X-6.875　Y-30.999　R15；	
N82	G02　X-17.782　Y-28.917　R9；	
N84	X-26.616　Y6.372　R40；	
N86	X-6　Y16.748　R15；	
N88	G03　X6　R15；	
N90	G02　X24.716　Y10.956　R15；	
N92	G03　X26.079　Y-13.686　R14；	
N94	G02　X17.782　Y-28.917　R40；	
N96	X6.875　Y-30.999　R9；	

续表

程　序		含义(学生填写)
N98	G03　X0　Y-29.31　R15;	
N100	X-8　Y-37.331　R8;	
N102	G40　G01　X0　Y-48;	
N104	M99;	
N106		
N108	O0023　子程序	
N110	G91　G01　Z-1;/精 Z-4	
N112	G90　G41　D02　X12.457;/精 D02＝3 或实测	
N114	Y34;	
N116	G02　X-2　Y23　R15;	
N118	X12.457　Y34　R15;	
N120	G01　X18;	
N122	G40　Y40;	
N124	M99;	

四、加工工件

1.加工准备

按照数控铣床或加工中心操作规程进行操作,注意一人操作,其他同学认真观察。

①开机、回参考点。

②阅读零件图,检查毛坯尺寸。

③装夹找正工件。

④装夹刀具,装上立铣刀 ϕ20 mm 放到刀库 1 号和 ϕ6 mm 放到刀库 2 号。

⑤对刀:1 号刀坐标系设定 G54,2 号刀坐标系设定为 G55。

⑥输入程序。

⑦程序校验。

把工件坐标系的 Z 轴朝正方向上移 50 mm。其方法是在 00　G54 的 Z 中设置为 50,打开“图形模拟”窗口,按下“循环启动”键,降低进给速度,检查刀具运动是否正确。

2.加工工件

①粗、精铣工件上表面调用平面粗加工程序,粗铣上表面,测量这时工件的高度,打开平面精加工程序,修改程序中下刀的程序段,自动加工,保证工件的高度尺寸。

②粗铣底座凸台在刀补界面 D1 的对应位置输入"10.8"(单边预留 0.8 mm 的加工余量),然后在"编辑"方式下调用"03002"底座凸台加工程序,切换至程序运行状态,打开"单段"功能,控制好进给倍率和主轴倍率,按"循环启动"按钮,并注意观察刀具运动情况,防止撞刀和意外。待刀具正常切削后,可关闭"单段"功能,但要时刻注意程序运行情况。

粗铣完成后,在刀补界面 D01 的对应位置输入"10.3"(预留 0.3 m 精加工余量),然后按"循环启动"按钮,完成底座凸台的半精加工。

手动移动工作台至便于工件测量的位置,用千分尺测量长宽尺寸,并依此计算出实际的刀补值,输入至刀补 D01 中,然后按"循环启动"按钮,完成底座凸台的精加工。

③精铣加工时,用 Z 轴设定器对刀进行验证,并在对应的长度补偿号里输入最新值,再次调用"02002"。

图 3-2-10 苹果标志加工

④加工程序,并按要求修改对应的半径 D 值,完成苹果标志和叶形凸起的精铣削,如图 3-2-10 所示。

⑤手工去除余量,用钢丝刷等工具去除毛刺、飞边。

⑥松开夹具,卸下工件,清理机床。

注意:

①按"先粗后精"的原则,制订加工方案。粗加工时逆铣,逆时针走刀;精加工时顺铣,顺时针走刀。如果毛坯表面无硬皮,机床进给机构无间隙,也可粗、精加工都用顺铣。

②如果加工同一部位用到两把刀,如用 $\phi6$ mm 立铣刀铣苹果标志轮廓,$\phi20$ mm 立铣刀去除余量。这时,Z 向对刀要特别仔细,避免因 Z 向对刀误差导致凸台底面出现接刀痕迹。

③如果粗、精加工的走刀路线一致,当刀具半径发生变化时,可不改变程序(若切削用量参数发生变化,需要修改),通过修改刀具半径补偿值,完成零件的粗、精加工。

④为保证圆弧处有较好的垂直度和表面粗糙度值,最后一刀精加工时,刀具可在 Z 向抬高 2 丝(1 丝=0.01 mm),采用顺铣加工,这样可防止刀具在精加工中受到轴向力的作用而划伤已加工表面。

⑤测量尺寸前,应去除毛刺,擦干净被测部位及量具。为保证测量准确,还要多测几个位置。

【任务考评】

零件加工质量检测标准见表 3-2-4。

表 3-2-4　评分标准

总分			姓名		日期			加工时长		
项　目		序号	技术要求	配分	评分标准			学生自测	老师检测	得分
尺寸检测	底座凸台	1	高度 24 mm	3	超差不得分					
		2	$72^{+0.05}_{0}$ mm	6	超差 0.01 扣 1 分					
		3	$R12$ mm	3	超差不得分					
		4	8 mm,16 mm	3	超差不得分					
		5	深度 3±0.03 mm	5	超差 0.01 扣 1 分					
		6	$Ra3.2$ μm	3	每降一级扣 2 分					
	苹果	7	$R15$ mm(4 处)	8	超差不得分					
		8	$R40$ mm(两处)	4	超差不得分					
		9	$R9$ mm(两处)	3	超差不得分					
		10	$R14$ mm	3	超差不得分					
		11	高度 4±0.03 mm	4	超差 0.01 扣 1 分					
		12	$Ra3.2$ μm	3	每降一级扣 2 分					
	叶子	13	$R15$ mm(两处)	4	超差不得分					
		14	高度 4±0.03 mm	4	超差 0.01 扣 1 分					
		15	$Ra3.2$ μm	3	每降一级扣 2 分					
编程		16	加工工序卡	5	不合理每处扣 1 分					
		17	程序正确、简单、规范	15	每错一处扣 1 分					
工艺合理		18	合理选用刀、量具	5	出错一次扣 1 分					
		19	工件、刀具装夹正确	5	出错一次扣 1 分					
安全文明生产		20	安全操作	5	安全事故停止操作					
		21	量具、刀具摆放规范	3	不规范酌情扣分					
		22	整理机床、维护保养	3	不整理不得分					
合　计				100						

【任务训练】

在 60 mm×60 mm×20 mm 的铝合金(2Al2)毛坯上,自选刀具和切削用量参数,自编程序加工如图 3-2-11 所示的零件。

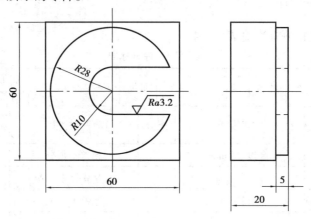

图 3-2-11　外轮廓加工任务训练

任务三　内轮廓编程实例

【任务目标】

- 能进行安全操作；
- 能正确选择和使用铣刀,正确使用刀具的长度补偿；
- 能合理制订加工工艺,对方形、圆形和岛屿型腔零件进行铣削加工；
- 能熟练掌握粗、精行切平面的走刀路线；
- 能熟练掌握内轮廓的编程与加工；
- 能根据图样要求合理控制零件尺寸；
- 清扫卫生,维护机床,收工具。

【任务描述】

学校数控实训车间接到一批凹模板零件的加工任务,零件图如图 3-3-1 所示,材料为铝合金(2Al2)。要求学生在 6 学时内以合作的方式制订该零件的数控铣削加工工艺,自编程序完成零件样件的加工,并完成工艺规程表指导生产,以确定能否投产加工。任务内容如下:

①制订凹模板零件的数控铣削加工工艺。

②以合作的方式完成凹模板零件的加工。

③对凹模板零件尺寸精度进行检测,并对误差进行分析。

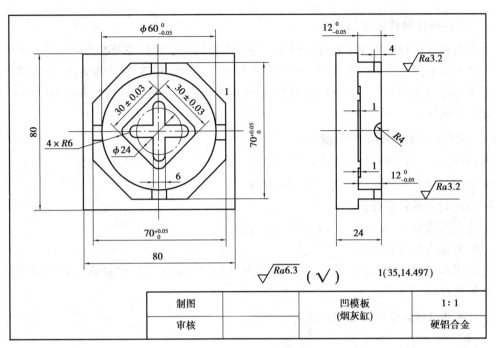

图 3-3-1 凹模板零件图

【任务准备】

场地、设备、夹具、工具、刀具、量具及学习资料准备如下：

①数控实训车间或仿真室。

②数控铣床或加工中心，三菱 M80/M800 系统。

③夹具：机用虎钳。

④工具：机用虎钳扳手、内六角扳手、锁刀座、上刀扳手、BT40 刀柄、拉钉、等高垫铁、木锤、光电式寻边器及杠杆表等。

⑤刀具：ϕ20 mm 的立铣刀，ϕ6 mm 的立铣刀，R4 mm 球刀。

⑥量具：游标卡尺、外径千分尺、内测千分尺、深度千分尺、表面粗糙度样板、R 样板规。

⑦学习资料：零件图样，工艺规程文件，针对本任务的学习指南、工作页、精度检验单等。

【相关知识】

一、刀具长度补偿功能

考虑加工工艺和加工效率，要完成本任务，需要用到多把刀具。这些刀装入主轴后，其伸出长度是各不相同的。在前面的加工中，为每把刀分别建立了工件坐标系，但如果刀具较多且换刀次数较多时，使用刀具长度补偿功能会更方便。

1.刀具长度补偿的作用

①编程人员在编写加工程序时可不必考虑刀具的长度而只需考虑刀尖的位置即可。

②刀具磨损导致工件高度尺寸超差时不需要更改加工程序,可直接修改刀具补偿值。

③可通过修改刀具长度方向的磨耗值,使用同一程序完成零件高度方向的粗加工、半精加工和精加工。

2.刀具长度补偿的 3 个阶段

1)建立刀具长度补偿

使用建立刀具长度补偿指令(G43/G44)。

2)进行刀具长度补偿

建立刀具长度补偿指令,一经执行将一直有效。

3)取消刀具长度补偿

使用取消刀具长度补偿指令(G49),或由后面建立的刀具长度补偿代替之前建立的刀具长度补偿。

3.建立刀具长度补偿指令

【编程格式】

$$\begin{Bmatrix} G43 \\ G44 \end{Bmatrix} \quad \begin{Bmatrix} G00 \\ G01 \end{Bmatrix} \quad Z\underline{\quad} \quad H\underline{\quad};$$

【说明】

①G43 指令实现刀具长度的正补偿;C4 指令实现刀具长度的负补偿,由于负补偿可由正补偿代替,因此尽可能使用正补偿。

②在 Z 向运动中,建立刀具长度补偿,必须保证在安全高度上建立刀具长度补偿。

③刀具长度补偿号:由 H 后加两位数字表示。用于指明刀具长度偏置寄存器的地址。

4.取消刀具长度补偿指令

【编程格式】

$$G49 \quad \begin{Bmatrix} G00 \\ G01 \end{Bmatrix} \quad Z\underline{\quad};$$

【说明】

因为有的机床不需要取消刀具长度补偿,所以是否在程序中编写 C49 指令,要看机床说明书。

5.刀具长度补偿值的确定

由于刀具长度补偿往往用于换刀时保证不同刀具在工件坐标系中具有相同的 Z 向基准。因此,刀补偿量的确定往往与机床的对刀方法有关。下面是立式数控铣床上常用的设定方法,如图 3-3-2 所示。

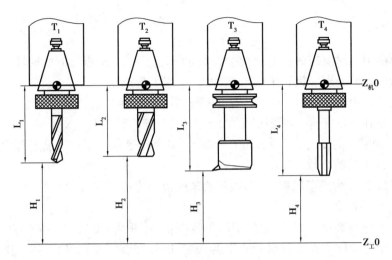

图 3-3-2 刀具长度补偿值的确定

①使用第一把刀对刀,X,Y 的偏置设置在工件坐标系 G54 中,工件坐标系 G54 中 Z 向偏置值设定为 0。第一把刀对刀后获得的 Z 向偏置值输入刀偏设置窗口中 001 的形状 H 中。

②换上第二把刀,只进行 Z 向对刀,对刀后获得的 Z 向偏置值输入刀偏设置窗口中 002 的形状 H 中。

③其他刀具以此类推。

> **注意:**
> ①刀具长度补偿的建立和取消都必须由一条 Z 向直线插补指令引导。
> ②建立刀具长度补偿必须在接近工件(开始切削)之前完成,取消刀具长度补偿必须在离开工件(切削完成)之后进行。
> ③换刀往往都伴随有刀具长度补偿指令。

二、坐标系旋转指令

在数控编程中,如果要加工的工件形状由若干个相同的图形组成,而且这些图形是由其中一个图形按照某个旋转中心及旋转方向旋转一定的角度得到的,为了简化编程,可将图形单元编成子程序,然后在主程序中使用坐标系旋转指令来调用。三菱 M80/M800 系统的旋转指令是 G68 和 G69。其中,G68 表示坐标系旋转开始,G69 用于坐标系旋转取消。

【指令格式】

G68　Xx1　Yy1　R___;　　　　　　　　坐标系旋转开启

X,Y:旋转中心坐标,以绝对位置指定 X,Y,Z 中对应所选平面的 2 轴。

R:旋转角度,逆时针方向为 + 方向。

G69 坐标系旋转取消

【说明】

①始终使用绝对值指令指定旋转中心坐标(x_1, y_1)。即使通过增量地址进行指令,也不将其作为增量值处理。旋转角度 r_1 按照 G90/G91 模态。

②省略旋转中心坐标(x_1, y_1)时,存在 G68 指令的位置成为旋转中心。

③按照在旋转角度 r_1 中指定的角度向逆时针方向旋转。

④旋转角度 r_1 的设定范围为$-360°\sim360°$。如果指令角度超过了设定范围,则使用指令角度除以 360° 后的余数。

⑤旋转角度 r_1 为模态数据,在出现新的角度指令之前,保持此角度不变。因此,可省略旋转角度 r_1 的指令。

第一次进行 G68 指令时,若省略旋转角度,则将 r_1 视为"0"。

⑥程序坐标旋转为在局部坐标系上的功能,因此,旋转后的坐标系与工件坐标系、基本机床坐标系的关系如图 3-3-3 所示。

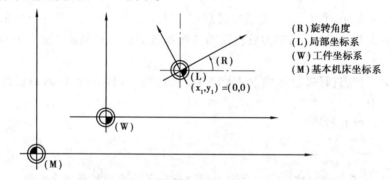

(R)旋转角度
(L)局部坐标系
(W)工件坐标系
(M)基本机床坐标系

图 3-3-3 旋转后的坐标系与工件坐标系、基本机床坐标系的关系

⑦将坐标旋转中的坐标旋转指令作为中心坐标以及旋转坐标角度的变更处理。

⑧坐标旋转模式中,如果进行 M02,M30 指令或输入复位信号,则坐标旋转变为取消模式。

⑨坐标旋转模式中,在模式信息画面中显示 G68,模式被取消时,显示 G69(旋转角度指令 R 时,则无模态值显示)。

⑩程序坐标旋转功能仅在自动运行模式下有效。

三、内轮廓铣削刀具的选择

内轮廓加工一般选择的刀具也是立铣刀,只是由于要在实体材料上挖出指定形状的内腔,因此,常规工艺需要使用麻花钻先在切削部位钻出工艺孔。

在型腔铣削时,若型腔底面面积较大而内凹的圆角半径又较小时,可考虑选择两把铣刀,首先用大直径的铣刀铣削型腔底面,只在内轮廓面留有精加工余量,然后用小直径铣刀精加工内轮廓面切出圆角。使用这种方法要求两把刀在 Z 向的对刀非常一致,否则型腔底面会出现接刀痕。

四、型腔加工走刀路线

如图 3-3-4 所示为加工型腔的 3 种进给路线。图 3-3-4(a)是用行切法加工内腔。这种进给路线的优点是走刀路线短,刀位点计算简单,编程方便,缺点是将在相邻两行的转接处留下残留面积,而达不到所要求的表面粗糙度值。

如图 3-3-4(b)所示为用环切法加工内腔。这种方法走刀路线比行切法要长,因为需要逐次向外扩展轮廓线,刀位点计算稍微复杂一些,程序较长,但获得的表面质量优于行切法。

如图 3-3-4(c)所示的进给路线综合了二者的优点,即首先用行切法切去中间部分余量,然后用环切法环切一刀光整轮廓表面,既能使总的进给路线较短,又能获得较小的表面粗糙度值。

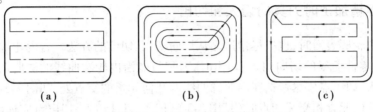

(a)   (b)   (c)

图 3-3-4 型腔加工路线

五、内轮廓 Z 向进刀方式

内轮廓加工过程中,Z 向如何下刀是必须要考虑的问题。通常情况下,选择的刀具种类不同,其进刀方式也会有所区别。在数控加工中,常用的内轮廓加工 Z 向进刀方式主要有以下 3 种:

1.垂直进刀

这种方式是让刀具直接沿 Z 轴下刀至要求的深度后再在 X,Y 平面内铣削。垂直进刀时,一般选择底刃过中心的立铣刀(如键槽铣刀)进行加工。由于采用这种进刀方式铣削时,刀具中心的铣削线速度为零,因此,应选择较低的进给速度,一般取 X,Y 平面进给速度的 $1/3\sim1/2$。

为保证刀具的强度,也可使用普通立铣刀(底刃不过中心)加工内型腔。这时,需要先用钻头在工件上钻工艺孔,再用立铣刀进行 Z 向垂直进刀。

这种垂直进刀方式直接明了,不需要进行太多计算,其中的工艺孔还可避免产生较大的冲击力。

2.斜线式进刀

这种方式是让刀具与工件保持一定斜角进刀,铣削到一定深度后再在 X,Y 平面内铣制。因采用侧刃加工,故走刀时需要考虑刀具切入加工面的角度,这个角度选择要合适。如果选得过小,则加工路线会加长;如果选得太大,则会产生底刃切削的情况。

【编程格式】

G01　X__　Y__　Z__　(F__);　　　　　　　　　　斜直线进刀

3.螺旋式进刀

这种进刀方式让刀具从工件上面开始,沿螺旋线向下切入。使用这种功能铣削型腔时,可在圆弧插补的同时,使刀具作轴向进给,而不必先钻工艺孔,再铣型腔。同斜线式进刀一样,也要考虑切入的角度。由于采用的是连续加工的方式,因此,可比较容易地保证加工精度。

【编程格式】

G17 C02/G03 X__ Y__ Z__ R__ (F__); 非整圆加工的螺旋式进刀

G17 G02/G03 X__ Y__ Z__ I__ J__ K__ (F__);

非整圆加工的螺旋式进刀 整圆加工的螺旋式进刀

六、型腔精加工时刀具的切入和切出

当铣削内轮廓表面时,也应尽量遵循从切向切入、切出的方法。若内轮廓曲线不允许外延,无法沿零件曲线的切向切入、切出时,刀具只能沿内轮廓曲线的法向切入、切出,此时刀具的切入、切出点应尽量选在内轮廓曲线两几何元素的交点处,如图 3-3-5(a)所示。

当内部几何元素相交无切点时(见图 3-3-5(b)),刀具切入、切出点应远离拐角,考虑从直线中间圆弧切入、圆弧切出。

铣削内整圆时(见图 3-3-5(c)),也要遵循从切向切入、切出的原则,最好安排在象限点处由圆弧过渡到圆弧的加工路线,以提高内孔表面的加工精度和质量。

 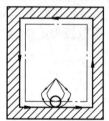 

(a)曲线不允许外延　　(b)几何元素相交无切点　　(c)铣削内整圆

图 3-3-5 内轮廓加工刀具的切入和切出

【任务实施】

一、任务分析

本任务要加工一个烟灰缸,要在正方形毛坯上铣削一个高度为 12 mm 的正八边形凸台,凸台中间铣削一深度为 12 mm 的圆形型腔,上表面铣 4 个半径为 R4 mm 的半圆槽,型腔底部有一个高度为 1 mm 的方形带圆角的凸台,凸台上加工一十字槽。凸台外侧壁和型腔内侧壁表面粗糙度值为 Ra3.2 μm,其余部分的表面粗糙度均为 Ra6.3 μm,毛坯材料为铝合金(2Al2)。根据实训车间的设备情况和学生技能情况,可在规定的时间内完成,达到质量要求。

二、制订加工工艺

1.工艺分析

1)装夹、定位

采用机用虎钳装夹,底部用等高垫铁垫起,保证工件上表面高出钳口一个安全距离,找正并夹紧工件。

2)工序安排

①粗、精铣零件上表面,保证零件高度尺寸 24 mm。

②粗铣八边形凸台。

③粗铣圆形型腔。

④半精、精铣八边形凸台。

⑤粗铣型腔底部凸台和十字槽。

⑥半精、精铣圆形型腔和底部凸台。

⑦铣削半圆槽。

3)刀具、量具选择

刀具:$\phi 20$ mm 立铣刀,$\phi 6$ mm 立铣刀,$R4$ mm 球刀。

量具:0~150 mm 的游标卡尺,50~75 mm 的外径千分尺,50~75 mm 的内测千分尺,0~25 mm 的深度千分尺,表面粗糙度样板,R 样板规。

4)合理设计走刀路线

注意确定起刀点、下刀点、抬刀点以及加工轨迹。

平面铣:(略)。

轮廓铣:由于零件无硬皮,为保证表面质量,粗精加工均采用顺铣方式,进、退刀采用圆弧切入、切出方式。

八边形凸台:在工件靠近操作者方向的中间毛坯外确定下刀点,下刀后建立刀具半径补偿,沿圆弧切线切入工件,顺时针走刀一周,沿圆弧切线切出工件,取消刀具半径补偿后抬刀。

圆形型腔:刀具自型腔中间下刀,建立刀具半径补偿后,采用螺旋式走刀至型腔底部,XY 向分两层加工。

型腔底部凸台:坐标系旋转450°,方便刀具定位,下刀后首先沿型腔中间螺旋式走刀至腔底;然后建立刀具半径补偿,沿圆弧切入凸台外轮廓,顺时针走刀一周,圆弧过渡到型腔内壁,逆时针走刀一周,圆弧切出后取消刀具半径补偿,快速抬刀,取消坐标系旋转。

铣槽:十字槽和半圆槽均无公差要求,因此,利用刀具直径和形状形成槽宽和槽的形状。

十字槽:刀具定位后下刀至底部凸台表面,斜线式走刀加工;同样的方法完成另一个槽。

半圆槽:刀具定位后下刀至 Z-0.5,向右加工,下刀,向左加工。以此类推,加工完毕

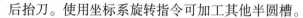

后抬刀。使用坐标系旋转指令可加工其他半圆槽。

5）确定切削用量

确定切削用量，见表3-3-1。

表3-3-1　切削用量

序号	加工项目	刀　具	背吃刀量/mm	主轴转速/(r·min^{-1})	进给速度/(mm·min^{-1})
1	粗、精铣工件上表面	ϕ20 mm 立铣刀	0.7（粗铣）	800	240
			0.3（精铣）	1 000	180
2	粗、精铣八边形凸台	ϕ20 mm 立铣刀	2（粗铣）	800	240
			12（半精、精铣）	1 000	180
3	粗铣圆形型腔	ϕ20 mm 立铣刀	1（粗铣）	800	240
4	半精、精铣圆形型腔	ϕ6 mm 立铣刀	12（半精、精铣）	1 700	200
5	粗、精铣型腔底部	ϕ6 mm 立铣刀	1（粗铣）	1 500	360
			0.3（半精、精铣）	1 700	200
6	铣十字槽	ϕ6 mm 立铣刀	1	1 700	200
7	铣半圆槽	R4 mm 球刀	0.5	1 500	300

2.填写工序卡片（见表3-3-2）

表3-3-2　数控加工工序卡片（学生填写）

零件图号	3-3-1	数控加工工序卡片		机床型号		
零件名称	凹模板			机床编号		
零件材料	铝合金			使用夹具	机用虎钳	
工步描述						
工步编号	工步内容	刀具编号	刀具规格	主轴转速/(r·min^{-1})	进给速度/(mm·min^{-1})	背吃刀量/mm	刀具偏置
1							
2							
3							
4							
5							
6							
7							
8							

三、程序编制

选择工件上表的中心为工件原点,并设置在 G54。

① 上表面的粗、精铣参考程序见任务一。

② 八边形凸台的粗、精铣参考程序见表 3-3-3。

表 3-3-3　八边形凸台的粗、精铣参考程序

程　　序		含义(学生填写)
程序名	O3003　主程序	
N2	M06　T1;八边形	
N4	G54　G17　G40;	
N6	G90　G00　X0　Y-55;	
N8	M03　S800　F240;/精 S1000,F180	
N10	G43　H01　Z100;	
N12	Z5;	
N14	G01　Z0;	
N16	M98　P0031　L4;/半精、精 L1	
N18	G00　Z20;	
N20	G00　G41　X15　Y0　D01;/D01 = 10.3　圆形型腔	
N22	G01　Z0;	
N24	M98　P0032　L11;	
N26	G90　G03　I-15;	
N28	G40　G01　X0;	
N30	G00　Z5;	
N32	G41　X30　D01;	
N34	G01　Z0;	
N36	M98　P0033　L11;	
N38	G90　G03　I-30;	

续表

程 序		含义(学生填写)
N40	G40　G01　X0；	
N42	G00　Z100　M05；	
N44	G68　X0　Y0　R45；型腔底部凸台	
N46	G90　G00　X22.5　Y0；	
N48	S1500　M03　F360；／　精 1700,1200	
N50	G43　Z100　H02；	
N52	Z5；	
N54	G01　Z−11；	
N56	G03　I−22.5　Z−1；	
N58	G03　I−22.5；	
N60	G41　G01　Y7.5　D02；／粗 D02＝3.8,半精 D02＝3.3,精 D02＝3 或实测	
N62	G03　X15　Y0　R7.5；	
N64	G01　Y−9；	
N66	G02　X9　Y−15　R6；	
N68	G01　X−9；	
N70	G02　X−15　Y−9　R6；	
N72	G01　Y9；	
N74	G02　X−9　Y15　R6；	
N76	G01　X9；	
N78	G02　X15　Y9　R6；	
N80	G01　Y0；	
N82	G03　X30　R7.5；	
N84	I−30；	
N86	G40　G01　Y0；	

续表

程　序		含义(学生填写)
N88	G69　G00　Z20　M05；	
N90	G00　X12　Y0；十字槽加工	
N92	Z5；	
N94	G01　Z−11；	
N96	X−12　Z−12；	
N98	X12；	
N100	G00　Z−5；	
N102	X0　Y12；	
N104	G01　Z−11；	
N106	Y−12　Z−12；	
N108	Y12；	
N110	G00　Z100　M05；	
N112	G00　X0　Y0；半圆槽的加工	
N114	M03　S1500　F300；	
N116	G43　H03　Z100；	
N118	Z5；	
N120	M98　P0034；	
N122	G68　X0　Y0　R90；	
N124	M98　P0034；	
N126	G69；	
N128	G68　X0　Y0　R180；	
N130	M98　P0034；	
N132	G69；	
N134	G68　X0　Y0　R270；	
N136	M98　P0034；	

续表

程　　序		含义（学生填写）
N138	G69；	
N140	G00　Z100　M05；	
N142	M30；	
N144		
N146	O0031　子程序	
N148	G91　G01　Z-2；/半精、精 Z-12	
N150	G90　G41　X20　D01；/粗 D01＝10.8， 半精D01＝10.3，精 D0＝10 或实测	
N152	G03　X0　Y-35　R20；	
N154	G01　X-14.498；	
N156	X-35　Y-14.498；	
N158	Y14.498；	
N160	X-14.498　Y35；	
N162	X14.498；	
N164	X35　Y14.498；	
N166	Y-14.498；	
N168	X14.498　Y-35；	
N170	X0；	
N172	G03　X-20　Y-55　R20；	
N174	G40　G01　X-55　Y-55；	
N176	M99；	
N178		
N180	O0032　子程序	
N182	G91　G03　I-15　Z-1；	
N184	M99；	

续表

程　序		含义（学生填写）
N186		
N188	O0033　子程序	
N190	G91　G03　I-30　Z-1;	
N192	M99;	
N194		
N196	O0034　子程序	
N198	G90　G00　X23;	
N200	Z0;	
N202	M98　P0035　L4;	
N204	G90　G00　Z5;	
N206	X0　Y0;	
N208	M99;	
N210		
N212	O0035　子程序	
N214	G91　G01　Z-0.5;	
N216	X19;	
N218	Z-0.5;	
N220	X-19;	
N222	M99;	

四、加工工件

1.加工准备

按照数控铣床或加工中心操作规程进行操作,注意一人操作,其他同学认真观察。

①开机、回参考点。

②阅读零件图,检查毛坯尺寸。

③装夹找正工件。

④装夹刀具,装上立铣刀 ϕ20 mm 放到刀库 1 号, ϕ6 mm 放到刀库 2 号和 R4 mm 球刀放到刀库 3 号。

⑤对刀并设定工件坐标系 G54,Z 方向补偿输入对应的长度补偿号。

⑥输入程序。

⑦程序校验。

把工件坐标系的 Z 轴朝正方向上移 50 mm。其方法是在 00 G54 的 Z 中设置为 50,打开"图形模拟"窗口,按下"循环启动"键,降低进给速度,检查刀具运动是否正确。

2.加工工件

①粗、精铣工件上表面调用平面粗加工程序,粗铣上表面,测量这时工件的高度打开平面精加工程序,修改程序中下刀的程序段,自动加工,保证工件的高度尺寸。

②粗铣八边形凸台在刀补界面 D1 的对应位置输入"10.8"(单边预留 0.8 mm 的加工余量)。

③粗铣圆形型腔在刀补界面 D01 的对应位置输入"10.3"(预留 0.3 mm 精加工余量)。

④粗铣型腔底部凸台和十字槽在刀补界面 D02 的对应位置输入"3.8"(单边预留 0.8 m 的半精加工余量)。

⑤半精、精铣圆形型腔和底部凸台在刀补界面 D02 的对应位置输入"3.3"(单边预留 0.3 mm 精加工余量)。

⑥加工完成(见图 3-3-6),松开夹具,卸下工件,清理机床。

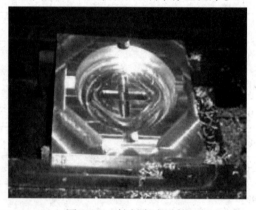

图 3-3-6　铣削完成零件

注意:

①铣削型腔时,要选择合理的铣削方案和 Z 向进刀方式,既能快速切除余量,又能保证加工精度。

②铣削型腔时,刀具同时完成型腔侧面和底面的加工,因此,预留的精加工余量应较小且均匀,过大的加工余量会使立铣刀受到较大的侧向力,导致型腔侧面产生锥度。

③立铣刀的端铣能力很差,因此,采用螺旋式下刀或斜线式下刀时,要特别注意切入的角度和进给速度,进给速度宜慢一些。

④为了编程的需要,在子程序中经常采用增量的编程方式,主程序中则常采用绝对编程方式,因此,需要特别注意及时进行G90与G91模式的变换。

⑤刀具半径补偿不要在主程序和子程序之间被分支。

【任务考评】

零件加工质量检测标准见表3-3-4。

表3-3-4 评分标准

总分		姓名			日期		加工时长			
项 目		序号	技术要求		配分	评分标准		学生自测	老师检测	得分
尺寸检测	八边形凸台	1	高度24 mm		3	超差不得分				
		2	$70^{+0.05}_{0}$ mm(两处)		6	超差0.01扣1分				
		3	深度$12^{0}_{-0.05}$ mm		6	超差0.01扣1分				
		4	$Ra3.2\ \mu m$		2	每降一级扣2分				
	型腔	5	$\phi60^{0}_{-0.05}$ mm(4处)		6	超差0.01扣1分				
		6	深度$12^{0}_{-0.05}$ mm		6	超差0.01扣1分				
		7	$Ra3.2\ \mu m$		2	每降一级扣2分				
	底部凸台	8	30 ± 0.03 mm(两处)		6	超差0.01扣1分				
		9	$R6$ mm(4处)		4	超差不得分				
		10	高度1 mm		2	超差不得分				
		11	$Ra3.2\ \mu m$		2	每降一级扣2分				
	十字槽	12	6 mm		3	超差不得分				
		13	30 mm		3	超差不得分				
		14	深度1 mm		2	超差不得分				
		15	$Ra6.3\ \mu m$		2	每降一级扣2分				
	半圆槽	16	$R4$ mm		3	超差不得分				
		17	$Ra6.3\ \mu m$		2	每降一级扣2分				
编程		18	完成所有程序编制		10	未完成酌情扣分				
		19	程序正确、简单、规范		5	每错一处扣1分				

续表

项　目	序号	技术要求	配分	评分标准	学生自测	老师检测	得分
工艺合理	20	合理选用刀、量具	5	出错一次扣1分			
	21	加工顺序、刀具轨迹合理，切削用量选择合理	5	出错一次扣1分			
安全文明生产	22	安全操作	5	安全事故停止操作			
	23	量具、刀具摆放规范	5	不规范酌情扣分			
	24	整理机床、维护保养	5	不整理不得分			
合　计			100				

【任务训练】

在60 mm×60 mm×20 mm的铝合金(2Al2)毛坯上，自选刀具和切削用量参数，自编程序加工如图3-3-7所示的零件。

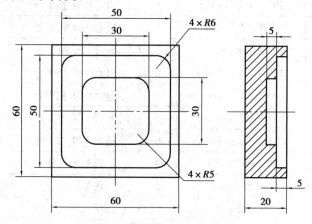

图3-3-7　内轮廓加工任务训练

任务四　孔的加工编程实例

【任务目标】

- 能进行安全操作；
- 能正确选择和使用孔加工刀具，合理确定切削用量参数；
- 能正确使用固定循环指令编写孔的加工程序；

- 能根据孔的精度要求,合理制订加工工艺进行孔的加工;
- 能根据图样要求合理控制零件尺寸;
- 清扫卫生,维护机床,收工具。

【任务描述】

学校数控实训车间接到一批多孔板零件的加工任务,零件图如图 3-4-1 所示,材料为铝合金(2Al2)。要求学生在 6 学时内以合作的方式制订该零件的数控铣削加工工艺,自编程序完成零件样件的加工,并完成工艺规程表指导生产,以确定能否投产加工。任务内容如下:

①制订多孔板零件的数控铣削加工工艺。

②以合作的方式完成多孔板零件的加工。

③对多孔板零件尺寸精度进行检测,并对误差进行分析。

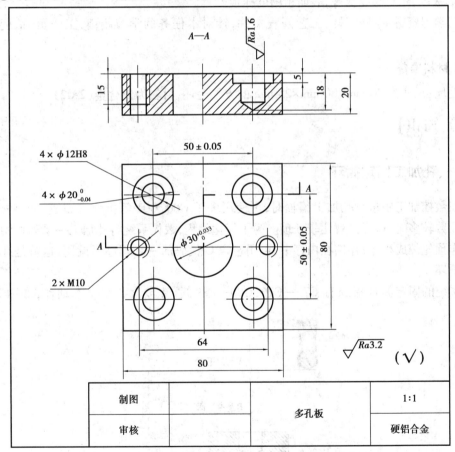

图 3-4-1 多孔板零件图

【任务准备】

1.场地、设备、夹具、工具、刀具、量具及学习资料准备

①数控实训车间或仿真室。

②数控铣床或加工中心,三菱 M80/M800 系统。

③夹具:机用虎钳。

④工具:机用虎钳扳手、内六角扳手、锁刀座、上刀扳手、BT40 刀柄、拉钉、等高垫铁、木锤、光电式寻边器及杠杆表等。

⑤刀具:ϕ20 mm 立铣刀,A3 中心钻,ϕ11.8 mm 的麻花钻,ϕ8.5 mm 的麻花钻,ϕ12H7 的铰刀,M10 机用丝锥,ϕ12 mm 的立铣刀,ϕ30 mm 精镗刀。

⑥量具:0~150 mm 的游标卡尺,0~30 mm 的内测千分尺,0~25 mm 的深度千分尺,ϕ12H7 塞规,M10 螺纹塞规,表面粗糙度样板。

⑦学习资料:零件图样,工艺规程文件,针对本任务的学习指南、工作页、精度检验单等。

2.材料准备

毛坯:尺寸为 80 mm×80 mm×25 mm 的方形毛坯,材料为铝合金(2Al2)。

【相关知识】

一、孔加工固定循环

在数控加工中进行孔加工编程时,可使用多条 G00,G01 等指令来完成。但是,当加工的孔数较多时,这样做就比较烦琐。为了简化编程,数控系统将孔加工一系列典型的加工动作预先编成程序,存储在内存中,可用包含 G 代码的一个程序段调用,这就是孔加工固定循环。

系统的固定循环指令有 G73—C76,G80—C89,通常包含 5 个基本动作,如图 3-4-2 所示。

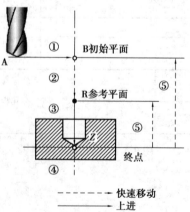

图 3-4-2　孔加工固定循环的动作

动作 1:快速定心。

动作 2:快速接近工件。

动作 3:孔加工(钻孔、镗孔、攻螺纹等)。

动作 4:孔底动作(进给暂停、主轴停止、主轴准停及刀具偏移等)。

动作 5:刀具快速退回。

初始平面是执行固定循环指令之前,刀具刀位点所处的高度平面。R 参考平面是刀具由快速下刀转为工作进给时的高度平面,一般为孔表面以上 2~5 mm。对立式数控铣床,孔加工都在 XY 平面定位,在 Z 轴方向进行加工。

下面介绍常用的孔加工固定循环指令。

1.取消固定循环指令 G80

取消固定循环用 G80 指令,01 组的 G 代码也可取消固定循环。

2.钻孔、点钻 G81

1)指令格式

G81 Xx1 Yy1 Zz1 Rr1 Ff1 Ll1 Ii1 Jj1;

Xx1,Yy1:指定钻孔点位置(绝对值或增量值)。

Zz1:指定孔底位置(绝对值或增量值)(模态)。

Rr1:指定 R 点位置(绝对值或增量值)(模态)。

Ff1:指定切削进给中的进给速度(模态)。

Ll1:固定循环往返次数的指定(0~9 999)为"0"时不执行。

Ii1:定位轴到位宽度。

Jj1:钻孔轴到位宽度。

2)详细说明(见图 3-4-3)

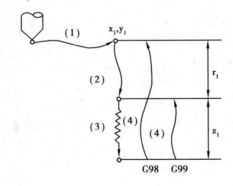

图 3-4-3　G81 路径图

动作方式	程序
(1)	G00 Xx1 Yy1
(2)	G00 Zr1
(3)	G01 Zz1 Ff1
(4)	G98 模式 G00 Z−(z1+r1)　　　G99 模式 G00 Z−z1

3.钻孔、计数式镗孔 G82

1)指令格式

G82 Xx1 Yy1 Zz1 Rr1 Ff1 Pp1 Ll1 Ii1 Jj1;

Xx1,Yy1:指定钻孔点位置(绝对值或增量值)。

Zz1:指定孔底位置(绝对值或增量值)(模态)。

Rr1:指定 R 点位置(绝对值或增量值)(模态)。

Ff1:指定切削进给中的进给速度(模态)。

Pp1:指定孔底位置的暂停时间(忽略小数点以下)(模态)。

Ll1:固定循环往返次数的指定(0~9 999)为"0"时不执行。

Ii1:定位轴到位宽度。

Jj1:钻孔轴到位宽度。

2)详细说明(见图 3-4-4)

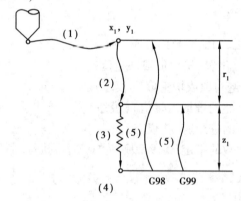

图 3-4-4 G82 路径图

动作方式	程序
(1)	G00 Xx1 Yy1
(2)	G00 Zr1
(3)	G01 Zz1 Ff1
(4)	G04 Pp1 (暂停)
(5)	G98 模式 G00 Z-(z1+r1) G99 模式 G00 Z-z1

4.深孔钻孔循环 G83

1)指令格式

G83 Xx1 Yy1 Zz1 Rr1 Qq1 Ff1 Ll1 Ii1 Jj1;

Xx1:指定钻孔点位置(绝对值或增量值)。

Yy1:指定钻孔点位置(绝对值或增量值)。

Zz1:指定孔底位置(绝对值或增量值)(模态)。

Rr1:指定 R 点位置(绝对值或增量值)(模态)。

Qq1:每次的切入量(增量值)(模态)。

Ff1:指定切削进给中的进给速度(模态)。

Ll1:固定循环往返次数的指定(0~9 999)为"0"时不执行。

Ii1:定位轴到位宽度。

Jj1:钻孔轴到位宽度。

2)详细说明(见图3-4-5)

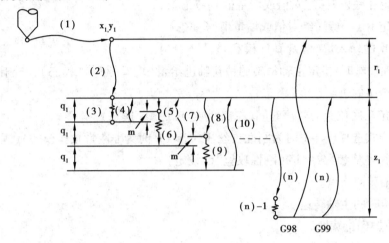

图 3-4-5 G83 路径图

动作方式	程序
(1)	G00 Xx1 Yy1
(2)	G00 Zr1
(3)	G01 Zq1 Ff1
(4)	G00 Z−q1
(5)	G00 Z(q1−m)
(6)	G01 Z(q1+m) Ff1
(7)	G00 Z−2*q1
(8)	G00 Z(2*q1−m)
(9)	G01 Z(q1+m) Ff1
(10)	G00 Z−3*q1

⋮

(n)　　　　　G98 模式 G00　Z−(z1+r1)　　　G99 模式 G00　Z−z1

通过 G83 执行此类第二次以后的切入时,在距之前加工位置"m"mm 的位置将快速进给切换为切削进给。到达孔底时,根据 G98 或 G99 模式执行返回。

"m"取决于参数"G83 返回"。编程时,应使 q1 大于 m。

单程序段运行时的停止位置为(1)、(2)、(n)指令完成时的位置。

5.攻丝循环 G84

1)指令格式

G84 Xx1 Yy1 Zz1 Rr1 Qq1 Ff1 Pp1 Rr2 Ss1 Ss2 Ii1 Jj1 Ll1(Kk1)；

Xx1,Yy1:指定钻孔点位置(绝对值或增量值)。

Zz1:指定孔底位置(绝对值或增量值)(模态)。

Rr1:指定 R 点位置(绝对值或增量值)(模态)。

Qq1:每次的切入量(增量值)(模态)。

Ff1:刚性攻丝时:指定主轴每转的钻孔轴进给量(攻丝螺距)(模态);非刚性攻丝时:指定切削进给中的进给速度(模态)。

Pp1:指定孔底位置的暂停时间(忽略小数点以下)(模态)。

Rr2:同步式选择($r_2=1$ 时为刚性攻丝模式,$r_2=0$ 时为非刚性攻丝模式)(模态)。

(省略时,遵从参数"#8159 刚性攻丝"的设定)

Ss1:主轴转速指令。

Ss2:返回时的主轴转速。

Ii1:定位轴到位宽度。

Jj1:钻孔轴到位宽度。

Ll1:固定循环往返次数的指定(0~9 999)为"0"时不执行。

Kk1:重复次数。

注:S 指令作为模态信息被保持。

当设定值小于主轴转速(S 指令)时,即使在返回时主轴转速的值也有效。返回时的主轴转速为非 0 值时,攻丝返回倍率值失效。

2)详细说明(见图 3-4-6)

动作方式	程序		
(1)	G00	Xx1	Yy1
(2)	G00	Zr1	
(3)	G01	Zz1	Ff1
(4)	G04	Pp1	
(5)	M4	(主轴反转)	
(6)	G01	Z-z1	Ff1
(7)	G04	Pp1	
(8)	M3	(主轴正转)	
(9)	G98 模式 G00 Z-r1	G99 模式	无移动

$r_2=1$ 时为刚性攻丝模式,$r_2=0$ 时为非刚性攻丝模式。未指定 r_2 时,遵从参数设定。

在执行 G84 时,处于倍率取消状态,倍率自动为 100%。

当控制参数"G00 空运行"打开时,空运行对定位指令生效。在执行 G84 时,按下

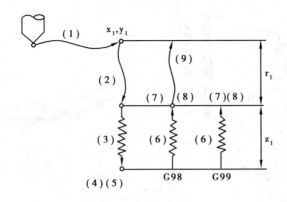

图 3-4-6　G84 路径图

"进给保持"按钮,则顺序为(3)—(6)时,不立即停止,而是在完成(6)后再停止。执行顺序(1)、(2)、(9)的快速进给时,立即停止。

单程序段运行时的停止位置为(1)、(2)、(9)指令完成时的位置。

在 G84 模态中,输出"攻丝中"的 NC 输出信号。

在 G84 刚性攻丝模态中,不输出 M3,M4,M5 与 S 代码。

在攻丝循环中,因紧急停止等导致操作中断时,将"攻丝返回"信号(TRV)设为有效时,可将执行攻丝返回动作的刀具从工件处拔出。

二、常用的孔加工刀具

1.中心钻

用于零件平面上中心孔的加工。中心钻有两种形式:A 型不带护锥的中心钻和 B 型带护锥的中心钻,如图 3-4-7 所示。

(a)A型不带护锥的中心钻　　　　　(b)B型带护锥的中心钻

图 3-4-7　中心钻

2.麻花钻

在数控铣床、加工中心上钻孔,大多是采用普通麻花钻,如图 3-4-8 所示。根据材料不同,麻花钻有高速钢和硬质合金两种;根据柄部不同,麻花钻有圆柱柄和莫氏锥柄两种。

3.扩孔钻

扩孔钻一般用于孔的半精加工或终加工,用于铰或磨前的预加工或毛坯孔的扩大。扩孔钻有 3~4 个主切削刃,没有横刃,因此刚性及导向性好,可校正孔的轴线偏差,如图3-4-9 所示。

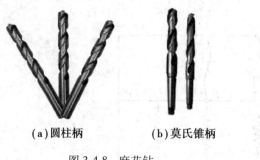

(a)圆柱柄　　　**(b)莫氏锥柄**

图 3-4-8　麻花钻

图 3-4-9　扩孔钻

4.丝锥

丝锥是目前加工中小尺寸内螺纹最常用的工具。按照形状,可分为直槽丝锥和螺旋槽丝锥;按照使用环境,可分为手用丝锥和机用丝锥,如图 3-4-10 所示。

(a)直槽丝锥　　　　　　　**(b)螺旋槽丝锥**

图 3-4-10　丝锥

5.螺纹铣刀

随着三轴联动数控加工系统的出现,螺纹铣削得以实现,可使用一把螺纹铣刀加工多种不同旋向的较大直径的内外螺纹,如图 3-4-11 所示。

(a)整体式　　　**(b)机夹式**　　　**(c)焊接式**

图 3-4-11　螺纹铣刀

6.镗刀

镗刀是镗削刀具的一种,可对已有的孔进行粗加工、半精加工或精加工,如图 3-4-12 所示。

三、孔加工工艺

图 3-4-12　镗刀

孔加工是数控铣削中的重要加工内容,在数控铣床上加工孔的方法很多。根据孔的尺寸精度、位置精度及表面粗糙度值等要求,一般有钻中心孔、钻孔、扩孔、锪孔、铰孔、镗孔、拉孔、磨孔及铣孔等。生产实践证明,必须根据孔的加工要求,合理地选择加工方法和步骤。如图 3-4-13 所示为孔加工工艺路线框图。

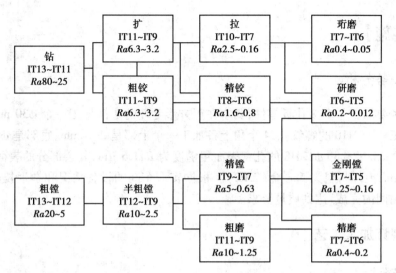

图 3-4-13 孔加工工艺路线框图

1.钻中心孔(定位)

为了防止把孔钻偏,钻孔前先用中心钻在平面上预钻一中心孔,便于钻头钻入时定心。

2.钻孔

钻孔是用麻花钻头在工件实体材料上加工孔的方法。钻孔直径范围为 0.1~100 mm,广泛用于孔的粗加工,也可作为不重要孔的最终加工。

3.扩孔

扩孔是用扩孔钻对工件上已有的孔进行扩大,可获得正确几何形状和较小表面粗糙度值的加工方法。扩孔的加工余量一般为 0.2~4 mm。

4.铰孔

铰孔是用铰刀从工件壁上切除微量金属层,以提高孔的尺寸精度和减小表面粗糙度值的加工方法。它适合对中小直径孔进行精加工。铰孔前,应经过钻孔、扩孔等加工。精铰时,铰削余量一般取 0.1~0.2 mm。

5.镗孔

镗孔是对锻出、铸出或钻出的孔的进一步加工,镗孔可扩大孔径,提高精度值,减小表面粗糙度值,还可较好地纠正原来孔轴线的偏斜,特别适合加工孔距和位置精度要求较高的孔系。镗孔可分为粗镗、半精镗和精镗。精镗孔的单边余量一般要小于 0.4 mm。

【任务实施】

一、任务分析

本任务要加工一个多孔板零件,要求在正方形毛坯的中间加工一个 ϕ30 mm 的孔,孔两边各加工一个 M10 的螺纹孔,4 个角上各加工一个上部是 ϕ20 mm、底部是 ϕ12H8 的阶梯孔。ϕ30 mm 的孔和 ϕ12H8 的孔壁表面粗糙度为 Ra1.6 μm,其余部分的表面粗糙度均为 Ra3.2 μm,毛坯材料为铝合金(2Al2)。根据实训车间的设备情况和学生技能情况,可在规定的时间内完成,达到质量要求。

二、制订加工工艺

1.工艺分析

1)装夹、定位

采用机用虎钳装夹,底部用等高垫铁垫起。垫垫铁时,注意让出孔的加工位置。

2)工序安排

根据"先面后孔""先粗后精"的原则,制订以下工序步骤:

①铣削零件上表面,保证零件高度尺寸 20 mm。

②打 7 个中心孔。

③钻 7 个底孔。

④扩 5 个孔。

⑤粗铣中间孔。

⑥粗、精铣 4 个小 20 mm 台阶孔。

⑦攻螺纹。

⑧铰 4 个 ϕ12 mm 的孔。

⑨精镗中间孔。

3)刀具、量具选择

刀具:ϕ20 mm 的立铣刀,A3 中心钻,ϕ11.8 mm 的麻花钻,ϕ8.5 mm 的花钻,ϕ12H7 的铰刀,M10 机用丝锥,ϕ12 mm 的立铣刀,ϕ30 mm 精镗刀。

量具:0~150 mm 的游标卡尺,0~30 mm 的内测千分尺,0~25 mm 的深度千分尺,ϕ12H7 塞规,M10 螺纹塞规,表面粗糙度样板。

4)合理设计走刀路线

注意确定起刀点、下刀点、抬刀点以及加工轨迹。

孔系加工走刀路线的确定主要是考虑:在位置精度满足要求的前提下,走刀路线尽可能短。

5)确定切削用量

确定切削用量,见表 3-4-1。

表 3-4-1　切削用量

序号	加工项目	刀　具	背吃刀量 /mm	主轴转速 /(r·min⁻¹)	进给速度 /(mm·min⁻¹)
1	粗、精铣工件上表面	φ20 mm 立铣刀	1.5(粗铣)	800	240
			0.5(精铣)	1 000	180
2	钻中心孔	A3 中心钻	2	1 200	60
3	钻底孔	φ8.5 mm 麻花钻	—	600	60
4	扩孔	φ11.8 mm 麻花钻	1.65	500	60
5	粗铣中间孔	φ12 mm 立铣刀	2	1 200	240
6	粗、精铣 4 个 φ20 mm 台阶孔	φ12 mm 立铣刀	2(粗铣)	1 200	240
			精铣同孔深	1 300	180
7	攻螺纹	M10 机用丝锥	—	100	150
8	铰孔	φ12H7 机用铰刀	0.1	260	30
9	精镗中间孔	φ30 mm 精镗刀	—	500	60

2.填写工序卡片(见表 3-4-2)

表 3-4-2　数控加工工序卡片(学生填写)

零件图号	3-4-1	数控加工工序卡片	机床型号	
零件名称	多孔板		机床编号	
零件材料	铝合金		使用夹具	机用虎钳

工步描述							
工步编号	工步内容	刀具编号	刀具规格	主轴转速 /(r·min⁻¹)	进给速度 /(mm·min⁻¹)	背吃刀量 /mm	刀具偏置
1							
2							
3							
4							
5							
6							
7							
8							
9							

三、程序编制

选择工件上表面的中心为工件原点,并设置在 G54 上。

①上表面的粗、精加工参考程序(略)。

②钻中心孔、扩孔参考程序见表 3-4-3。

表 3-4-3 钻中心孔、扩孔参考程序

程 序		含义(学生填写)
程序名	O3004 主程序	
N2	M06 T2;钻中心孔	
N4	G54 G17 G40;	
N6	G90 G00 X0 Y0;	
N8	M03 S1200 F300;	
N10	G43 H02 Z100;	
N12	G99 G81 X0 Y0 Z−2 R5 F60;	
N14	X25 Y25;	
N16	X−25;	
N18	X−32 Y0;	
N20	X−25 Y−25;	
N22	X25;	
N24	G98 X32 Y0;	
N26	G80 G00 Z200 M05;	
N28	M06 T3;钻孔	
N30	G43 H03 Z50;	
N32	M03 S600 F300;	
N34	G99 G83 X0 Y0 Z−23 R5 Q5 F60;	
N36	X25 Y25 Z−18;	

续表

程　序		含义(学生填写)
N38	X-25；	
N40	X-32　Y0　Z-23；	
N42	X-25　Y-25　Z-18；	
N44	X25；	
N46	G98　X32　Y0　Z-23；	
N48	G80　G00　Z200　M05；	
N50	M06　T4;扩孔	
N52	G90　G00　X0　Y0；	
N54	M03　S500　F300；	
N56	G43　H04　G00　Z50；	
N58	G99　G81　X0　Y0　Z-24　R5　F60；	
N60	X25　Y25　Z-18；	
N62	X-25；	
N64	Y-25；	
N66	G98　X25；	
N68	G80　G00　Z200　M05；	
N70	M30；	

③粗、精铣中间和4个ϕ20 mm孔的参考程序见表3-4-4。

表3-4-4　钻中心孔、扩孔参考程序

程　序		含义(学生填写)
程序名	O3014　主程序	
N2	M06　T5；中间孔	
N4	G54　G17　G40；	

续表

程　序		含义（学生填写）
N6	G90　G00　X0　Y0;	
N8	M03　S1200　F240;	
N10	G43　H05　Z100;	
N12	Z5;	
N14	G01　Z0;	
N16	G41　Y15　D05;/粗 D05＝6.2,精 D05＝6	
N18	M98　P0041　L21;	
N20	G90　G40　G01　Y0;	
N22	G00　Z50　M05;	
N24	M03　S1200　F280;/精 S1300,F180	
N26	G80　G00　Z200　M05;	
N28	M06　T2;钻孔	
N30	G43　H02　Z50;	
N32	M03　S600　F300;	
N34	G99　G83　X0　Y0　Z−23　R5　Q5　F60;	
N36	X25　Y25　Z−18;	
N38	X−25;	
N40	X−32　Y0　Z−23;	
N42	X−25　Y−25　Z−18;	
N44	X25;	
N46	G98　X32　Y0　Z−23;	
N48	G80　G00　Z200　M05;	
N50	M06　T3;扩孔	
N52	G90　G00　X0　Y0;	

续表

程　序		含义(学生填写)
N54	M03　S500　F300;	
N56	G43　H03　G00　Z50;	
N58	G99　G81　X0　Y0　Z−24　R5　F60;	
N60	X25　Y25　Z−18;	
N62	X−25;	
N64	Y−25;	
N66	G98　X25;	
N68	G80　G00　Z200　M05;	
N70	M30;	

④攻螺纹、铰孔和镗孔的参考程序见表3-4-5。

表3-4-5　攻螺纹、铰孔和镗孔的参考程序

程　序		含义(学生填写)
程序名	O3024　主程序	
N2	M06　T6;攻螺纹	
N4	G54　G17　G40;	
N6	G90　G00　X0　Y0;	
N8	M03　S100;	
N10	G43　H06　Z100;	
N12	G99　G84　X−32　Y0　Z−15　R5　F150;	
N14	G98　X32;	
N16	G80　G00　Z200　M05;	
N18	M06　T7;铰孔	
N20	G90　G40　G01　X0　Y0;	

续表

程　序		含义（学生填写）
N22	M03　S260　F300；	
N24	G43　H07　Z50；	
N26	G99　G81　X25　Y25　Z-14　R5　F30；	
N28	X-25；	
N30	Y-25；	
N32	G98　X25；	
N34	G80　G00　Z200　M05；	
N36	M06　T8；镗孔	
N38	G90　G40　G01　X0　Y0；	
N40	M03　S500　F300；	
N42	G43　H08　Z50；	
N44	G98　G76　Z-22　R5　Q0.2　P200　F60；	
N46	G80　G00　Z200　M05；	
N48	M30；	

四、加工工件

1.加工准备

按照数控铣床或加工中心操作规程进行操作，注意一人操作，其他同学认真观察。

①开机、回参考点。

②阅读零件图，检查毛坯尺寸。

③装夹找正工件。

④装夹刀具，装上立铣刀 ϕ20 mm 放到刀库 1 号，A3 中心钻放到刀库 2 号，ϕ8.5 mm 麻花钻放到刀库 3 号，ϕ11.8 mm 麻花钻放到刀库 4 号，ϕ12 mm 铣刀放到刀库 5 号，M10 丝锥放到刀库 6 号，ϕ12H7 铰刀麻花钻放到刀库 7 号，ϕ30 mm 精镗刀放到刀库 8 号。

⑤对刀并设定工件坐标系 G54，Z 方向补偿输入对应的长度补偿号。

⑥输入程序 65。

⑦程序校验。

把工件坐标系的 Z 轴朝正方向上移 50 mm。其方法是在 00　G54 的 Z 中设置为 50，打开"图形模拟"窗口,按下"循环启动"键,降低进给速度,检查刀具运动是否正确。

2.加工工件

①粗、精铣工件上表面调用平面粗加工程序,粗铣上表面,测量这时工件的高度打开平面精加工程序,修改程序中下刀的程序段,自动加工,保证工件的高度尺寸。

②钻中心孔、钻底孔完成 7 个底的加工,扩孔完成 5 个孔的扩孔加工,如图 3-4-14 所示。

③粗铣 4 个 $\phi20$ 台阶孔和中间孔,在粗加工时刀补界面 D05 的对应位置输入"6.2"完成台阶孔的粗加工。

手动移动工作台至便于工件测量的位置,用内径千分尺测量孔的直径,并依此计算出实际的刀补值,输入刀补号 D05 中,完成台阶孔的精加工,如图 3-4-15 所示。

图 3-4-14 钻孔、扩孔

图 3-4-15 铣 4 个孔和中间孔

④攻螺纹,用 M10 机用丝锥完成两个螺纹孔的加工。

⑤铰 4 个 $\phi20$ 的孔,用 $\phi20H7$ 的机用铰刀完成 4 个孔的加工,如图 3-4-16 所示。

⑥精镗中间孔,用 $\phi30$ 精镗刀进行中间孔的加工,如图 3-4-17 所示。

图 3-4-16 铰孔

图 3-4-17 精镗中间孔

⑦松开夹具,卸下工件,清理机床。

注意:

①毛坯装夹时,一定要考虑垫铁是否与加工部位干涉。

②装夹工件时,用力要适当,可在工件与钳口接触面上垫上铜皮,以保护零件表面不被夹伤。

③螺纹孔加工前,首先用中心钻钻中心孔,然后打底孔,底孔的直径一定要根据公式或查表获得。

④刀具在铣孔时采用圆弧插补的方法,注意刀具的切入、切出。

⑤镗孔刀对刀时,工件零点偏置值可直接借用第一把刀对刀获得的 X、Y 值,Z 值需重新试切获得。

【任务考评】

零件加工质量检测标准见表3-4-6。

表 3-4-6　评分标准

总分			姓名		日期		加工时长		
项　目		序号	技术要求	配分	评分标准		学生自测	老师检测	得分
尺寸检测	中间孔	1	高度 20 mm	3	超差不得分				
		2	$\phi 30^{+0.033}_{0}$ mm	6	超差 0.01 扣 1 分				
		3	$Ra1.6\ \mu m$	3	每降一级扣 2 分				
	台阶孔	4	$\phi 20$ mm(4 处)	8	超差 0.01 扣 1 分				
		5	$\phi 20H7$(4 处)	8	超差 0.01 扣 1 分				
		6	50±0.05(两处)	8	超差 0.01 扣 1 分				
		7	深度 18 mm	3	超差不得分				
		8	深度 5 mm	3	超差不得分				
		9	$Ra1.6\ \mu m$	3	每降一级扣 2 分				
		10	$Ra3.2\ \mu m$	3	每降一级扣 2 分				
	螺纹孔	11	M10(两处)	8	超差不得分				
		12	间距 64 mm	3	超差不得分				
		13	深度 15 mm	3	超差不得分				
编程		14	完成所有程序编制	10	未完成酌情扣分				
		15	程序正确、简单、规范	10	每错一处扣 1 分				

续表

项 目	序号	技术要求	配分	评分标准	学生自测	老师检测	得分
工艺合理	16	合理选用刀、量具	5	出错一次扣1分			
	17	加工顺序、刀具轨迹合理,切削用量选择合理	5	出错一次扣1分			
安全文明生产	18	安全操作	5	安全事故停止操作			
	19	量具、刀具摆放规范	3	不规范酌情扣分			
	20	整理机床、维护保养	2	不整理不得分			
合 计			100				

【任务训练】

在 60 mm×60 mm×20 mm 的精毛坯上,加工如图 3-4-18 所示的零件,毛坯材料为铝合金(2Al2),合理选择刀具和切削用量参数,并编写加工程序。

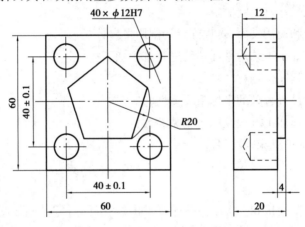

图 3-4-18 钻孔加工训练零件

项目四　零件的自动编程

任务一　二维加工综合实例

【任务目标】

- 能进行安全操作；
- 能正确选择和使用铣刀,合理确定切削用量参数；
- 能合理制订加工工艺对平面凸轮进行铣削加工；
- 能正确进行程序传输；
- 能利用软件设置合理的坐标系及毛坯；
- 能正确地选择加工方法及修改相关参数；
- 清扫卫生,维护机床,收工具。

【任务描述】

学校数控实训车间接到一批平面凸轮零件的加工任务,零件图如图 4-1-1 所示,材料为铝合金(2Al2),可使用加工中心加工。要求学生在 6 学时内以合作的方式制订该零件的加工工艺,利用软件自动编程完成样件的加工,并完成数控加工工序卡片的填写,以确保合理加工。任务内容如下：

①制订平面凸轮零件的铣削加工工艺。

②以合作的方式完成平面凸轮零件的加工。

③对平面凸轮零件尺寸精度进行检测,并对误差进行分析。

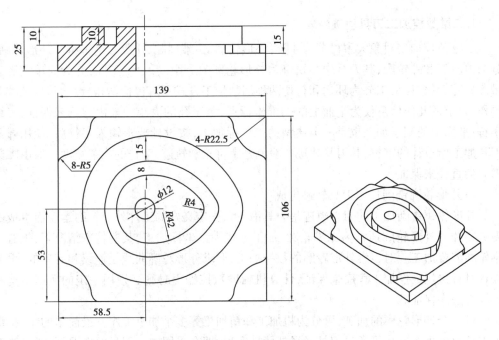

图 4-1-1 平面凸轮零件图

【任务准备】

1.场地与软件、设备、夹具、工具、刀具、量具及学习资料准备

①数控实训车间、计算机室,以及软件 UG10 版本。

②数控铣床或加工中心,三菱 M80/M800 系统。

③夹具:机用虎钳。

④工具:机用虎钳扳手、内六角扳手、锁刀座、上刀扳手、BT40 刀柄、拉钉、等高垫铁、木锤、光电式寻边器及杠杆表等。

⑤刀具:φ16mm 立铣刀,φ6mm 铣刀,φ11.7mm 钻头,φ12mm 铰刀。

⑥量具:游标卡尺、表面粗糙度样板。

⑦学习资料:零件图样,工艺规程文件,针对本任务的学习指南、工作页、精度检验单等。

2.材料准备

毛坯:尺寸为 138 mm×106 mm×35 mm 的方形毛坯,材料为铝合金(2Al2)。

【相关知识】

在机械加工中,二维加工虽然比曲面加工简单,但是二维加工所占的比重是非常大的。提高二维加工的效率对提高整个机械加工的效率,意义非常重大,而采用数控加工就能实现二维零件的高效加工。同时,在所有曲面零件加工中(包括复杂的模具型腔零件加工)都涉及二维方式的加工。因此,在零件加工中采用二维的数控加工技术就变得更为重要。

1.二维数控加工刀具轨迹生成

二维数控加工对象大致可分为4类:外形轮廓、二维型腔、孔及二维字符。外形轮廓:分为内轮廓和外轮廓,其刀具中心轨迹为外形轮廓的等距线;二维型腔:分为简单型腔和带岛型腔,其数控加工分为环切和行切两种切削加工方式;孔:包括钻孔、镗孔和攻螺纹等操作,要求的几何信息仅为平面上的二维坐标点,至于孔的大小一般由刀具来保证;二维字符:平面上的刻字加工也是一类典型的二坐标加工,按设计要求输入字符后,使用雕刻刀具加工所设计的字符,其刀具轨迹一般就是字符轮廓轨迹,字符的线条宽度一般由雕刻刀刀尖直径来保证。

1)外形轮廓铣削加工刀具轨迹生成

外形轮廓铣削加工的刀具轨迹是刀具沿着预先定义好的工件外形轮廓运动而生成的刀具路径。外形轮廓通常为二维轮廓,加工方式为二坐标加工,某些特殊情况下,也有三维轮廓需要加工。对二维外形轮廓的数控加工,要求外形轮廓曲线是连续和有序的,手工编程时直接用数控加工程序来保证,计算机辅助数控编程时则必须用一定的数据结构和计算方法来保证。

对一个外形轮廓的加工,可分为粗加工和精加工等多个加工工序。最简单的粗、精加工刀具轨迹生成方法可通过刀具半径补偿来实现,即在采用同一刀具的情况下,通过改变半径补偿值的方式进行粗、精加工刀具轨迹规划。另外,也可通过设置粗、精加工次数及步进距离来规划粗、精加工刀具轨迹。

2)二维型腔数控加工刀具轨进生成

二维型腔是指以平面封闭轮廓为边界的平底直壁凹坑。二维型腔加工的一般过程是沿轮廓边界留出精加工余量,先用平底面铣刀用环切或行切法走刀,铣去型腔的多余材料,再沿型腔底面和轮廓走刀,精铣型腔底面和边界外形。当型腔较深时,则要分层进行粗加工,这时还需要定义每一层粗加工的深度以及型腔的实际深度,以便计算需要分多少层进行粗加工。

(1)行切法加工刀具轨迹生成

这种加工方法的刀具轨迹计算比较简单,其基本过程是首先确定走刀路线的角度(与X轴的夹角),然后根据刀具半径及加工要求确定走刀步距,接着根据平面型腔边界轮廓外形(包括岛屿的外形)、刀具半径和精加工余量计算各切削行的刀具轨迹,最后将各行刀具轨迹线段有序连接起来,连接的方式可以是单向,也可以是双向。行切法加工刀具轨迹如图 4-1-2 所示。

(2)环切法加工刀具轨迹生成

环切法加工一般是沿型腔边界走等距线,刀具轨迹的计算相对较复杂。其优点是铣刀的切削方式不变(顺铣或逆铣)。环切法加工分为由内至外环切和由外至内环切。平面型腔的环切法加工刀具轨迹的计算在一定意义上可归纳为平面封闭轮廓曲线的等距线计算。目前,应用较为广泛的一种等距线计算方法是直接偏置法。环切法加工刀具轨迹如图 4-1-3 所示。

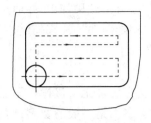
图 4-1-2　行切法

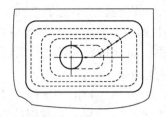
图 4-1-3　环切法

3）二维字符数控加工刀具轨迹生成

平面上的字符雕刻是一种常见的切削加工,其数控雕刻加工刀具轨迹生成方法依赖于所要雕刻加工的字符。原则上讲,字符雕刻加工刀具轨迹采用外形轮廓铣削加工方法沿着字符轮廓生成。对线条型字符和斜体字符,直接利用字符轮廓生成字符雕刻加工刀具轨迹,同一字符不同笔画间和不同字符间采用抬刀—移位—下刀的方法将分段刀具轨迹连接起来。这种刀具轨迹不考虑刀具半径补偿,字符线条的宽度直接由刀尖直径确定。

对有一定线条宽度的方块字符和罗马字符,则要采用外形轮廓铣削加工方式生成刀具轨迹,这时刀尖直径一般小于线条宽度。如果线条特别宽,而又不能用大刀具,则要采用二维型腔铣削加工方式生成刀具轨迹。

2.UG 二维数控加工功能(本书采用 NX10 版本)

UG 二维平面加工命令多达 15 种,有非常多的加工方法来完成二维零件的数控加工。UG 二维操作命令如图 4-1-4 所示。对一般二维零件的加工,实际上只要熟练掌握 UG 中的 3~4 个操作命令就可实现零件的快速自动编程。

1）平面加工命令

平面加工命令(FACE_MILLING)主要是完成零件平面部位的数控加工。其走刀方式包括单向、往复和跟随周边等 8 种,如图 4-1-5 所示。当然,实际加工一个平面,选择最多的走刀方式应该是往复,因为这种方式的加工效率最高。平面加工命令也可实现多层加工,但要通过设置毛坯距离和每刀深度两个参数来完成。

图 4-1-4　创建平面加工

图 4-1-5　设置刀轨参数

2）线框加工命令

线框加工命令(PLANAR_MILL)是可实现外形轮廓和平面凹槽加工的一个综合性二维加工操作命令。该操作命令是通过改变软件的切削模式来实现外形轮廓或平面凹槽加工的。当切削模式设置为"轮廓加工"时,则实施的是外形轮廓加工,并通过设置"附加刀路"实现外形轮廓的多圈加工;当切削模式设置为"跟随部件"或"跟随周边"时,则实施的是平面凹槽加工,并通过设置"恒定"参数实现多层加工。

3)刻字加工命令

刻字加工命令(PLANAR_TEXT)可实现二维文字的加工。该操作不需要指定部件,而只需要指定"文字"。但是,要特别注意这里的文字不是一般的文字,而应该是制图中的"文字"或注释中的"文字"。刻字加工也可实现多层加工,但需同时通过设置"每刀深度"和"毛坯距离"两个参数来实现。

4)孔的加工

UG 软件也有近 10 种方法,可以有多种方式实现孔的粗加工和精加工。如图 4-1-5 所示为 UG 孔的操作命令。图 4-1-6 中,第一行的第 3 个图标是一般孔的钻孔加工命令;第一行的第 4 个图标和第 5 个图标是深孔的钻孔加工命令;第一行的第 6 个图标是镗孔命令;第二行的第 1 个图标是铰孔命令;第二行的第 4 个图标是攻螺纹命令;第二行的第 5 个图标是铣螺纹命令。钻孔加工最容易出现抬刀高度不够而发生过切现象。UG 中控制孔加工的抬刀高度与一般铣削不一样,是利用如图 4-1-7 所示的按钮来进行设置的。

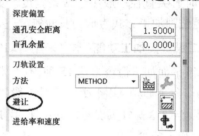

图 4-1-6　加工孔方法　　　　图 4-1-7　设置抬刀高度

3.二维数控加工时应注意的问题

铣削平面零件时,一般采用立铣刀侧刃进行切削。为减少接刀痕迹,保证零件表面质量,对刀具的切入和切出程序需要精心设计。铣削外表面轮廓时,铣刀的切入和切出点应沿零件轮廓曲线的延长线上切向切入和切出零件表面,而不应沿法向直接切入零件,以避免加工表面产生划痕,保证零件轮廓光滑。

在加工过程中,工件、刀具、夹具、机床系统处在平衡弹性变形的状态下,进给停顿时,切削力减小,会改变系统的平衡状态,刀具会在进给停顿处的零件表面留下划痕。因此,在轮廓加工中应避免进给停顿。铣削加工进给路线包括切削进给和 Z 向快速移动进给两种进给路线,在 Z 向快速移动进给常采用下列进给路线:

①铣削开口不通槽时,铣刀在 Z 向可直接快速移动到位,不需工作进给,如图 4-1-8 所示。

②铣削封闭槽时,铣刀需要有一切入距离 Z_0,首先快速移动到距工件加工表面有一切入距离 Z_0 的位置上(R 平面),然后以工作进给速度进给到铣削深度 H,如图 4-1-9 所示。

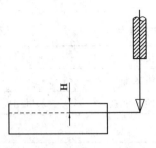

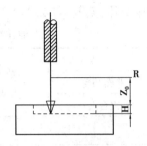

图 4-1-8　铣削开口不通槽　　　　　　图 4-1-9　铣削封闭槽

③孔加工时,一般是首先将刀具在 XY 平面内快速定位到孔中心线的位置上,然后再沿 Z 向运动进行加工。刀具在 XY 平面内的运动为点位运动,确定其进给路线时重点考虑:

a.定位迅速,空行程路线要短。

b.定位准确,避免机械进给系统反向间隙对孔位置精度的影响。

c.当定位速度与定位准确不能同时满足时,若按最短进给路线进给能保证定位精度,则取最短路线;反之,应取能保证定位准确的路线。

【任务实施】

一、任务分析

首先用 UG 软件生成刀路,仿真校验,生成加工程序,然后传入数铣或加工中心完成零件加工,毛坯两个长的垂直面(侧面)安装在平口钳上,加工坐标系原点确定为零件上表面的中心点,加工坐标系的 X 向与零件长度方向一致。零件的数控加工路线、切削刀具(高速钢)和切削工艺参数见表 4-1-1。

表 4-1-1　切削参数

序号	加工项目	刀　具	背吃刀量 /mm	主轴转速 /$(r \cdot min^{-1})$	进给速度 /$(mm \cdot min^{-1})$
1	粗加工凸轮外形	ϕ16 mm 立铣刀	1.5	2 200	650
2	精加工外形底面	ϕ16 mm 立铣刀	0.35	2 200	650
3	精加工外形侧面	ϕ16 mm 立铣刀	3	2 200	650
4	粗加工 4 个缺角	ϕ16 mm 立铣刀	1.5	2 200	650
5	精加工 4 个缺角	ϕ16 mm 立铣刀	0.35	2 200	650
6	粗加工凸轮槽	ϕ6 mm 立铣刀	0.8	3 000	900
7	精加工凸轮槽侧壁	ϕ6 mm 立铣刀	2	3 000	900
8	钻孔加工	ϕ11.7 mm 钻头	——	800	200
9	铰孔加工	ϕ12 mm 铰刀	0.2	600	100

填写工序卡片,见表4-1-2。

表 4-1-2　数控加工工序卡片

零件图号	4-1-1	数控加工 工序卡片		机床型号	
零件名称	平面凸轮			机床编号	
零件材料	铝合金			使用夹具	机用虎钳
工步描述							
工步 编号	工步内容	刀具 编号	刀具 规格	主轴转速 /(r·min⁻¹)	进给速度 /(mm·min⁻¹)	背吃刀量 /mm	刀具偏置
1							
2							
3							
4							
5							
6							
7							
8							
9							
10							

二、创建数控编程的准备操作

打开已绘制好的平面凸轮实体模型文件,在下拉菜单条中选择"开始"→"加工",打开"加工环境"对话框,直接单击"确定"按钮,进入数控加工界面。

1.创建程序组

①单击"创建程序"图标,弹出"创建程序"对话框,设置类型为 mil_planar,程序子类型为 NC_PROGRAM,名称为 1,如图 4-1-10 所示。

②依次单击"应用"和"确定"按钮,完成名称为 1 的程序创建。

③按照上述操作方法,依次创建名称为 2,3,4,5,6,7,8,9,10 的程序。

2.创建刀具组

①单击"创建刀具"图标,弹出"创建刀具"对话框,设置类型为 mil_planar,刀具子类型为 MILL,名称为 D6,如图 4-1-11 所示。

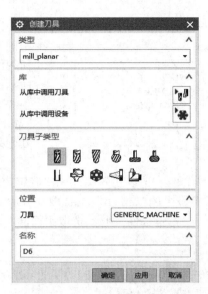

图 4-1-10　创建平面铣　　　　　　图 4-1-11　创建刀具

②单击"应用"按钮,弹出"铣刀-5 参数"对话框,将直径数值更改为 6,其余数值采用默认,如图 4-1-12 所示。单击"确定"按钮,完成直径为 6 mm 的平铣刀创建。

③按照上述操作方法,依次完成名称为 D12(直径为 12 mm)、D16(直径为 16 mm)的平铣刀创建。

④单击"创建刀具"图标,弹出"创建刀具"对话框,设置类型为 drill,刀具子类型为 DRILLING_TOOL,名称为 DR11.7。

⑤单击"应用"按钮,弹出"钻刀"对话框,将直径数值更改为 11.7,其余数值采用默认,单击"确定"按钮,完成直径为 11.7 mm 的钻头创建。

⑥单击"创建刀具"图标,弹出"创建刀具"对话框,设置类型为 drill,刀具子类型为 REAMER,名称为 RE12。

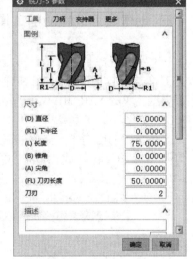

图 4-1-12　设置刀具大小

⑦单击"应用"按钮,弹出"钻刀"对话框,将直径数值更改为 12,其余数值采用默认,单击"确定"按钮,完成直径为 12 mm 的铰刀创建。

3.创建几何体

①在下拉菜单条中,选择"开始"→"所有应用模块"→"注塑模向导",单击"注塑模工具"图标,在弹出的"注塑模工具"对话框中单击第一个"创建方块"图标。

②依次选取如图 4-1-1 所示平面凸轮的上表面和下表面,并将"创建方块"对话框中的默认间隙更改为 0,单击"确定"按钮,包容平面凸轮实体的立方块创建完成。

③关闭"注塑模工具"对话框,在下拉菜单条中选择"开始"→"所有应用模块"→"注塑模向导",关闭"注塑模向导"工具栏。

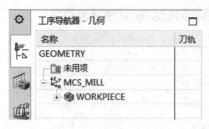

图 4-1-13 创建坐标及毛坯

④单击"工序导航器"图标,在"工序导航器"中的空白处单击鼠标右键,弹出右键菜单,选择"几何视图"菜单,在"工序导航器"中出现如图 4-1-13 所示的界面。

⑤双击图 4-1-13 中的 MCS_MILL 图标,弹出"Mill Orient"对话框,选取刚创建立方块的上表面,其余采用默认数值,单击"确定"按钮。

⑥双击图 4-1-13 中 WORKPIECE 图标,单击"指定毛坯"图标,选取立方块,单击"确定"按钮。

⑦按键盘上的"Ctrl+B"键,选取立方块,单击"确定"按钮,将立方块模型隐藏。

⑧单击"指定部件"图标,选取平面凸轮实体,连续两次单击"确定"按钮完成。

> **注意:**
>
> 在 UG 平面零件加工中,为了能实现实体模拟加工效果,应在此创建 WORKPIECE "铣削几何体"。

三、创建数控编程的加工操作

1.粗加工凸轮外形

①单击"创建工序"图标,在弹出的"创建工序"对话框中,设置类型为 mill_planar,工序子类型为 PLANAR_MILL,程序为 1,刀具为 D16,几何体为 WORKPIECE,方法为 MILL_ROUGH,如图 4-1-14 所示。

②单击"应用"按钮,弹出"平面铣"对话框。单击"指定部件边界"图标,弹出"边界几何体"对话框,将模式由"面"更改为"曲线/边"弹出"创建边界"对话框,选取如图 4-1-15 所示的边界线,将材料侧设置为内部,其余采用默认设置,连续两次单击"确定"按钮,返回到"平面铣"对话框。

图 4-1-14 创建平面铣

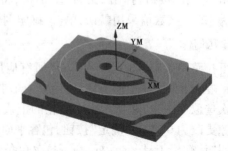

图 4-1-15 边界线

③单击"指定底面"图标,弹出"平面"对话框,选取如图 4-1-16 所示的平面,单击"确定"按钮。

④在"平面铣"对话框中,将切削模式设置为轮廓加工,平面直径百分比为 80.0000,附加刀路为 2,如图 4-1-17 所示。单击"切削层"图标,在"切削层"对话框中,设置类型为恒定,每刀公共深度为 1.5,单击"确定"按钮。

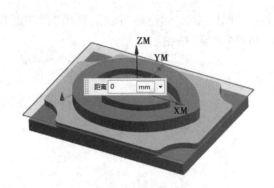

图 4-1-16　选取底面

图 4-1-17　设置平面直径百分比

⑤单击"切削参数"图标,弹出"切削参数"对话框。在"策略"选项卡中,设置切削方向为顺铣,勾选"岛清理"复选框;在"余量"选项卡中,设置部件余量为 0.35,最终底部面余量为 0.35,其余采用默认设置,单击"确定"按钮。

⑥单击"非切削移动"图标,在弹出的"非切削移动"对话框中,设置开放区域进刀类型为圆弧,单击"确定"按钮。

⑦单击"进给率和速度"图标,弹出"进给率和速度"对话框。设置主轴速度为 2 200,切削为 650,单击"确定"按钮,返回到"平面铣"对话框。

⑧向下拖动"平面铣"对话框右侧的滚动条,出现操作项的 4 个图标,如图 4-1-18 所示;单击最左边的"生成"图标,刀具轨迹生成,如图 4-1-19 所示;依次单击"确定"和"取消"按钮。

图 4-1-18　生成轨迹

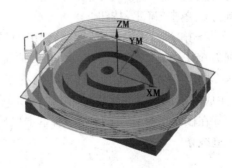

图 4-1-19　轨迹示意图

⑨在图形区域窗口的空白处,单击鼠标右键,弹出右键菜单,选择"刷新"项,清除刀具轨迹线条。

2.精加工凸轮外形底面

①单击"创建工序"图标,在弹出的"创建工序"对话框中,设置类型为 mill_planar,工序子类型为 FACE_MILLING,程序为 2,刀具为 D16,几何体为 WORKPIECE,方法为 MILL_FINISH,如图 4-1-20 所示。

②单击"应用"按钮,弹出"面铣"对话框。单击"指定面边界"图标,弹出"指定面几何体"对话框,选取如图 4-1-21 所示的平面,单击"确定"按钮。

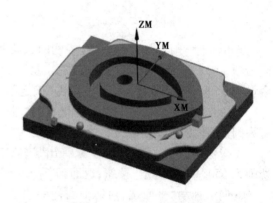

图 4-1-20　创建平面铣　　　　　　　　图 4-1-21　选取面边界

③在"面铣"对话框中,将切削模式设置为跟随部件,每刀深度为 0,最终底部面余量为 0。单击"切削参数"图标,弹出"切削参数"对话框。在"策略"选项卡中,设置切削方向为顺铣,如图 4-1-22 所示;在"余量"选项卡中,设置部件余量为 0.3,其他所有的余量都设置为 0,单击"确定"按钮。

④单击"进给率和速度"图标,弹出"进给率和速度"对话框。设置主轴速度为 2200,切削为 650,单击"确定"按钮,返回到"面铣"对话框。

⑤向下拖动"平面轮廓铣"对话框右侧的滚动条,出现操作项的 4 个图标,单击最左边的"生成"图标,刀具轨迹生成,如图 4-1-23 所示;依次单击"确定"和"取消"按钮。

⑥在图形区域窗口的空白处,单击鼠标右键,弹出右键菜单,选择"刷新"项,清除刀具轨迹线条。

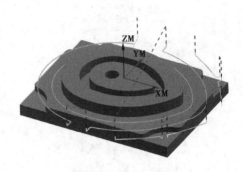

图 4-1-22 设置切削方向　　　　图 4-1-23 生成铣平面轨迹

3.精加工凸轮外形侧面

①单击"创建工序"图标,在弹出的"创建工序"对话框中,设置类型为 mill_planar,工序子类型为 PLANAR_PROFILE,程序为 3,刀具为 D16,几何体为 WORKPIECE,方法为 MILL_FINISH,如图 4-1-24 所示。

②单击"应用"按钮,弹出"平面轮廓铣"对话框。单击"指定部件边界"图标,弹出"边界几何体"对话框,将模式由"面"更改为"曲线/边",弹出"创建边界"对话框,选取如图 4-1-15 所示的边界线,将材料侧设置为内部,其余采用默认设置,连续两次单击"确定"按钮,返回到"平面轮廓铣"对话框。

③单击"指定底面"图标,弹出"平面"对话框,选取如图 4-1-16 所示的平面,单击"确定"按钮。

④在"平面轮廓铣"对话框中,将部件余量设置为 0,切削进给为 800,切削深度设置为恒定,公共设置为 3。

⑤单击"非切削移动"图标,弹出"非切削移动"对话框。在"进刀"选项卡中,设置开放区域进刀类型为圆弧,其余参数采用默认值,单击"确定"按钮。单击"进给率和速度"图标,弹出"进给率和速度"对话框,设置主轴速度为 2500,切削为 800,单击"确定"按钮,返回到"平面轮廓铣"对话框。

⑥向下拖动"平面轮廓铣"对话框右侧的滚动条,出现操作项的 4 个图标,单击最左边的"生成"图标,刀具轨迹生成,如图 4-1-25 所示;依次单击"确定"和"取消"按钮。

⑦在图形区域窗口的空白处,单击鼠标右键,弹出右键菜单,选择"刷新"项,清除刀具轨迹线条。

图 4-1-24　创建平面铣　　　　　图 4-1-25　生成铣外形轨迹

4.粗加工 4 个缺角

①单击"创建工序"图标,在弹出的"创建工序"对话框中,设置类型为 mill_planar,工序子类型为 FACE_MILLING,程序为 4,刀具为 D16,几何体为 WORKPIECE,方法为 MILL_ROUGH,如图 4-1-26 所示。

②单击"应用"按钮,弹出"面铣"对话框。单击"指定面边界"图标,弹出"指定面几何体"对话框,选取如图 4-1-27 所示的 4 个缺角平面,单击"确定"按钮,返回到"面铣"对话框。

图 4-1-26　创建 4 个缺角粗加工　　　图 4-1-27　选取 4 个缺角底面

③在"面铣"对话框中,将切削模式设置为跟随周边,平面直径百分比为 75,毛坯距离为 5,每刀深度为 1.5,最终底部面余量为 0.35。

④单击"切削参数"图标,弹出"切削参数"对话框。在"策略"选项卡中,设置切削方向为顺铣,刀路方向为向内;勾选"添加精加工刀路"复选框,设置刀路数为 1,精加工步距

为 0.3500,如图 4-1-28 所示;在"余量"选项卡中,设置部件余量为 0,最终底部面余量为 0.35,其余采用默认设置,单击"确定"按钮。

⑤单击"进给率和速度"图标,弹出"进给率和速度"对话框。设置主轴速度为 2200,切削为 650,单击"确定"按钮,返回到"平面轮廓铣"对话框。

⑥向下拖动"平面轮廓铣"对话框右侧的滚动条,出现操作项的 4 个图标,单击最左边的"生成"图标,刀具轨迹生成,如图 4-1-29 所示;依次单击"确定"和"取消"按钮。

⑦在图形区域窗口的空白处,单击鼠标右键,弹出右键菜单,选择"刷新"项,清除刀具轨迹线条。

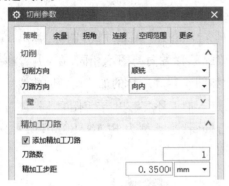

图 4-1-28 设置粗加工参数

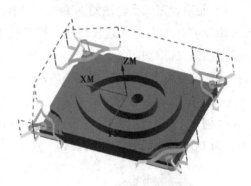

图 4-1-29 生成 4 个缺角粗加工轨迹

5.精加工 4 个缺角

①在工序导航器窗口中,单击程序 4 下的 FACE_MILLING_1 操作,单击鼠标右键,弹出右键菜单,选择"复制",如图 4-1-30 所示;单击程序 5,单击鼠标右键,弹出右键菜单,选择"内部粘贴",如图 4-1-31 所示。

图 4-1-30 复制粗加工工序

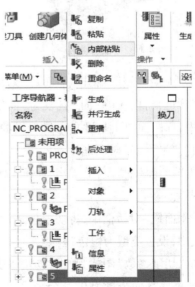

图 4-1-31 粘贴粗加工工序

②双击程序 5 下的 FACE_MILLING_1_COPY 操作,弹出"面铣"对话框。将方法设置为 MILL_FINISH,每刀深度为 0,最终底部面余量为 0,其余参数采用默认值。

③向下拖动"平面轮廓铣"对话框右侧的滚动条,出现操作项的 4 个图标,单击最左边的"生成"图标,刀具轨迹生成,单击"确定"按钮。

④在图形区域窗口的空白处,单击鼠标右键,弹出右键菜单,选择"刷新"项,清除刀具轨迹线条。

6.粗加工凸轮槽

为了能顺利完成凸轮槽的加工,应首先构建一条辅助加工曲线。在下拉菜单条中,选择"开始"→"建模",进入建模环境。在曲线工具条中,单击"偏置曲线"图标,弹出"偏置曲线"对话框,选取如图 4-1-32 所示的曲线,并确保偏移方向与图示相同;在"偏置曲线"对话框中,设置距离为 4,单击"确定"按钮,构建如图 4-1-33 所示的加工用辅助曲线。

①在下拉菜单条中,选择"开始"→"加工",进入加工环境。单击"创建工序"图标,在弹出的"创建工序"对话框中,设置类型为 mill_planar,子类型为 PLANAR_MILL,程序为 6,刀具为 D6,几何体为 WORKPIECE,方法为 MILL_ROUGH。

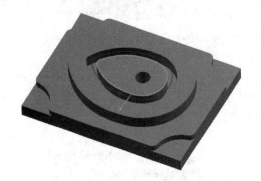 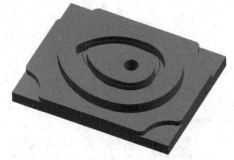

图 4-1-32　偏置曲线　　　　　　　　图 4-1-33　辅助曲线

②单击"应用"按钮,弹出"平面铣"对话框。单击"指定部件边界"图标,弹出"边界几何体"对话框,将模式由"面"更改为"曲线/边",弹出"创建边界"对话框,将刀具位置设置为对中,选取如图 4-1-33 所示的辅助曲线,其余采用默认设置,连续两次单击"确定"按钮,返回到"平面铣"对话框。

③单击"指定底面"图标,弹出"平面"对话框,选取如图 4-1-34 所示的凸轮槽底面,单击"确定"按钮。

④在"平面铣"对话框中,将切削模式设置为轮廓加工。单击"切削层"图标,在"切削层"对话框中,设置类型为恒定,公共为 0.8,单击"确定"按钮。

⑤单击"切削参数"图标,弹出"切削参数"对话框。在"余量"选项卡中,设置部件余量为 0.3,最终底部面余量为 0,其余采用默认设置,单击"确定"按钮。

⑥单击"非切削移动"图标,在弹出的"非切削移动"对话框中,设置开放区域进刀类

型为无,单击"确定"按钮。

⑦单击"进给率和速度"图标,弹出"进给率和速度"对话框。设置主轴速度为3000,切削为900,单击"确定"按钮,返回到"平面铣"对话框。

⑧向下拖动"平面铣"对话框右侧的滚动条,出现操作项的4个图标,单击最左边的"生成"图标,刀具轨迹生成,如图4-1-35所示;依次单击"确定"和"取消"按钮。

⑨在图形区域窗口的空白处,单击鼠标右键,弹出右键菜单,选择"刷新"项,清除刀具轨迹线条。

　　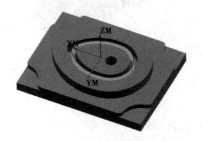

图4-1-34　指定底平面　　　　　　图4-1-35　生成粗加工槽轨迹

7.精加工凸轮槽侧壁

①单击"创建工序"图标,在弹出的"创建工序"对话框中,设置类型为mill_planar,工序子类型为PLANAR_PROFILE,程序为7,刀具为D6,几何体为WORKPIECE,方法为MILL_FINISH。

②单击"应用"按钮,弹出"平面轮廓铣"对话框,单击"指定部件边界"图标,弹出"边界几何体"对话框;将模式由"面"更改为"曲线/边",弹出"创建边界"对话框,选取如图4-1-36所示的边界曲线,将材料侧设置为外部,其余采用默认设置,连续两次单击"确定"按钮,返回到"平面轮廓铣"对话框。

③单击"指定底面"图标,弹出"平面"对话框,选取如图4-1-34所示凸轮槽底面,单击"确定"按钮。

④在"平面轮廓铣"对话框中,设置部件余量为0,切削进给为900,切削深度为恒定,公共为2。单击"非切削移动"图标,弹出"非切削移动"对话框。在"进刀"选项卡中,设置开放区域进刀类型为无,其余参数采用默认值,单击"确定"按钮。

⑤单击"进给率和速度"图标,弹出"进给率和速度"对话框,设置主轴速度为2800,切削为900,单击"确定"按钮,返回到"平面轮廓铣"对话框。

⑥单击"生成"图标,刀具轨迹生成。

使用同样的方法,可完成凸轮槽另一侧壁的精加工,在此不再详述,请读者自行完成。

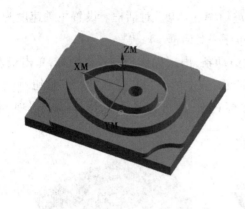

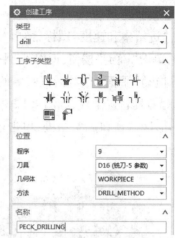

图 4-1-36　选取精加工路径　　　　　　图 4-1-37　创建凸轮孔工序

8.钻凸轮孔

①单击"创建工序"图标,在弹出的"创建工序"对话框中,设置类型为 drill,子类型为 PECK_DRILLING,程序为 9,刀具为 DR11.7,几何体为 WORKPIECE,方法为 DRILL_METHOD,如图 4-1-37 所示。

②单击"应用"按钮,弹出"啄钻"对话框。单击"指定孔"图标,弹出"点到点几何体"对话框,单击"选择"按钮,单击"一般点"按钮,捕捉孔的中心点,连续 3 次单击"确定"按钮,返回到"啄钻"对话框,如图 4-1-38 所示。

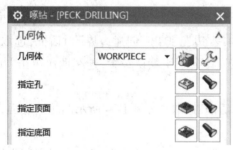

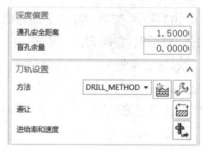

图 4-1-38　设置孔参数　　　　　　　　图 4-1-39　设置抬刀参数

③单击"指定顶面"图标,将顶面选项设置为面,选取凸轮零件的上表面后单击"确定"按钮;单击"指定底面"图标,将底面选项设置为面,选取凸轮零件的下表面后单击"确定"按钮。

④单击循环类型下面的"编辑参数"图标,如图 4-1-39 所示。在弹出的对话框中,单击"确定"按钮,弹出的"Cycle 参数"对话框中单击"Depth-模型深度"按钮,单击"穿过底面"按钮。单击"Step 值-未定义"按钮,将 step#1 设置为 3,单击"确定"按钮。单击"Rtrcto-无"按钮,单击"距离"按钮,将退刀设置为 15,续两次单击"确定"按钮,返回到"啄钻"对话框。

⑤单击"进给率和速度"图标,弹出"进给率和速度"对话框,设置主轴速度为800,切削为200,单击"确定"按钮。

⑥单击"生成"图标,刀具轨迹生成,依次单击"确定"和"取消"按钮。

⑦在图形区域窗口的空白处,单击鼠标右键,弹出右键菜单,选择"刷新"项,清除刀具轨迹线条。

9.铰凸轮孔

①单击"创建工序"图标,在弹出的"创建工序"对话框中,设置类型为drill,工序子类型为 REAMING,程序为 10,刀具为 RE12,几何体为 WORKPIECE,方法为 DRILL_METHOD,如图 4-1-40 所示。

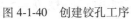

图 4-1-40　创建铰孔工序　　　　　图 4-1-41　设置铰孔参数

②单击"应用"按钮,弹出"铰"对话框。单击"指定孔"图标,弹出"点到点几何体"对话框,单击"选择"按钮,单击"一般点"按钮,捕捉孔的中心点,连续3次单击"确定"按钮,返回到"铰"对话框。

③单击"指定顶面"图标,如图 4-1-41 所示。将"顶面选项"设置为面,选取凸轮零件的上表面后单击"确定"按钮;单击"指定底面"图标,将"底面选项"设置为面,选取凸轮零件的下表面后单击"确定"按钮。

④单击循环类型下面的"编辑参数"图标,在弹出的对话框中单击"确定"按钮,在弹出的"Cycle 参数"对话框中单击"Depth-模型深度"按钮,单击"穿过底面"按钮;单击"确定"按钮,返回到"铰"对话框。

⑤单击"进给率和速度"图标,弹出"进给率和速度"对话框。设置主轴速度为600,切削为100,单击"确定"按钮。

⑥单击"生成"图标,刀具轨迹生成,依次单击"确定"和"取消"按钮。

⑦在图形区域窗口的空白处,单击鼠标右键,弹出右键菜单,选择"刷新"项,清除刀

具轨迹线条。

四、实体模拟仿真加工

①按住"Ctrl"键不放,用鼠标依次单击程序1,2,3,4,5,6,7,8,9,10,松开"Ctrl"键,单击鼠标右键,弹出右键菜单,并将鼠标移动到"刀轨"→"确认",如图4-1-42所示。

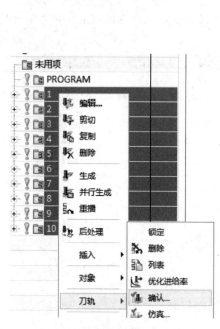

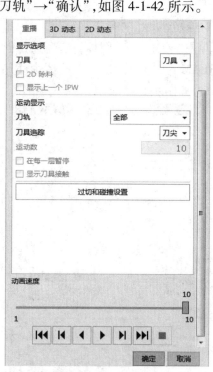

图 4-1-42　选中全部工序仿真　　　　　图 4-1-43　选取仿真类型

②选择"确认"项,弹出"刀轨可视化"对话框,单击"2D动态",单击"播放"图标,如图4-1-43所示;仿真加工开始,最后得到如图4-1-44所示的仿真加工效果。

图 4-1-44　仿真加工效果

五、后处理与数控代码输出

计算机辅助制造的目的是生成数控机床控制器所能识别的代码源程序。这些源程序控制着数控机床一切的运动和操作行为,即要想实现一个零件的完整加工,数控机床的控制器必须执行这些代码源程序。使用自动编程软件生成的刀位文件必须经过后处理操作才能输出代码源程序,即 NC 文件。后处理时,必须要掌握两个原则:一是使用同一把刀具的操作才能一起进行后处理输出 NC 程序,如果使用不同刀具的操作则必须分开来后处理;二是后处理时必须选择相应的后处理器,使用三轴数控机床加工必须选择三轴后处理器,如果使用多轴数控机床加工的则必须选择多轴后处理器。下面演示程序 1 的后处理过程,其他程序的后处理过程相同。

图 4-1-45 转换到程序视图

①将加工导航器转换到"程序视图",选择程序 1 下的 PLANAR_MILL 操作,如图4-1-45 所示。

②在操作名称位置处单击鼠标右键(即在蓝色区域处单击鼠标右键),弹出右键菜单,选择"后处理"项,如图 4-1-46 所示。

③弹出"后处理"对话框,在该对话框中选择"MILL_3_AXIS"后处理器,设置单位为公制/部件,如图 4-1-47 所示。

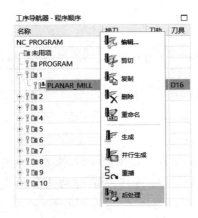

图 4-1-46 后处理

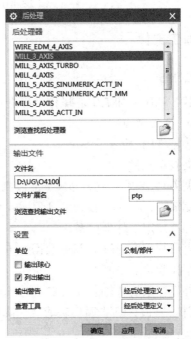

图 4-1-47 选择后处理程序

④单击"确定"按钮,弹出一个提示对话框,如图 4-1-48 所示;继续单击"确定"按钮,屏幕出现了后处理获得的数控代码,如图 4-1-49 所示。

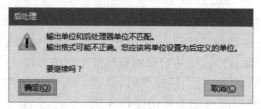

图 4-1-48　单位不匹配提示

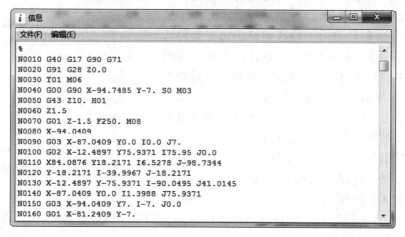

图 4-1-49　程序

六、加工工件

1.加工准备

按照数控铣床或加工中心操作规程进行操作,注意一人操作,其他同学认真观察。

①开机、回参考点。

②阅读零件图,检查毛坯尺寸。

③装夹找正工件。

④装夹刀具,装上立铣刀 ϕ16 mm 放到刀库 1 号,ϕ6 mm 放到刀库 2 号,ϕ11.7 mm 钻头放到刀库 3 号,ϕ12 mm 铰刀放到刀库 4 号。

⑤对刀并设定工件坐标系。

⑥将生成的程序通过 U 盘或数据线传入机床中。

⑦程序校验。

把工件坐标系的 Z 轴朝正方向上移 50 mm,方法是在 00　G54 的 Z 中设置为 50,打开"图形模拟"窗口,按下"循环启动"键,降低进给速度,检查刀具运动是否正确。

2.加工工件

①粗、精铣工件上表面调用平面粗加工程序,粗铣上表面,测量这时工件的高度打开

平面精加工程序,修改程序中下刀的程序段,自动加工,保证工件的高度尺寸。

②调用"O4100"程序,按"循环启动"按钮,完成平面凸轮的粗、精加工。

③松开夹具,卸下工件,清理机床。

【任务考评】

零件加工质量检测标准见表4-1-3。

表 4-1-3　评分标准

总分			姓名		日期		加工时长	
项目	序号	技术要求		配分	评分标准	学生自测	老师检测	得分
尺寸检测	1	高度 25mm		5	超差 0.01 扣 1 分			
	2	槽宽 8 mm		5	超差 0.01 扣 1 分			
	3	槽深 10 mm		10	超差 0.01 扣 1 分			
	4	台阶 10 mm		10	超差 0.01 扣 1 分			
	5	台阶 15 mm		10	超差 0.01 扣 1 分			
	6	外轮廓光滑过渡		10	不合格每处扣 2 分			
	7	平面无台阶		10	每降一级扣 2 分			
编程	8	加工工序卡		10	不合理每处扣 1 分			
	9	程序正确、简单、规范		5	每错一处扣 1 分			
	10	程序的正确传输		5	出错一次扣 1 分			
操作	11	机床操作规范		5	出错一次扣 1 分			
	12	工件、刀具装夹正确		5	出错一次扣 1 分			
安全	13	安全操作		5	安全事故停止操作			
	14	整理机床、维护保养		5	酌情扣分			
合　计				100				

【任务训练】

在铝合金毛坯上,利用软件正确地设置加工刀路,并生成加工程序,自选刀具、自定切削用量参数加工如图 4-1-50 所示的零件。

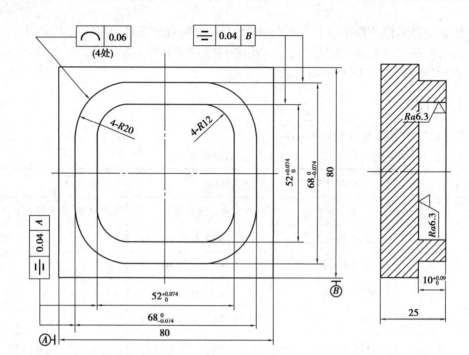

图 4-1-50　二维加工训练图

任务二　三维曲面加工实例

【任务目标】

- 能进行安全操作；
- 能正确选择和使用铣刀，合理确定切削用量参数；
- 能合理制订加工工艺对平面凸轮进行铣削加工；
- 能正确进行程序传输；
- 能利用软件设置合理的坐标系及毛坯；
- 能正确地选择加工方法及修改相关参数；
- 清扫卫生，维护机床，收工具。

【任务描述】

学校数控实训车间接到一个吹风机外壳零件的加工任务，零件图如图 4-2-1 所示，材料为铝合金（2Al2），可使用铣床加工中心加工。要求学生在 6 学时内以合作的方式制订该零件的加工工艺，利用软件设置加工刀路及生成程序完成样件的加工，并完成数控加工工序卡片的填写，以确保合理加工。任务内容如下：

①制订吹风机外壳零件的铣削加工工艺。

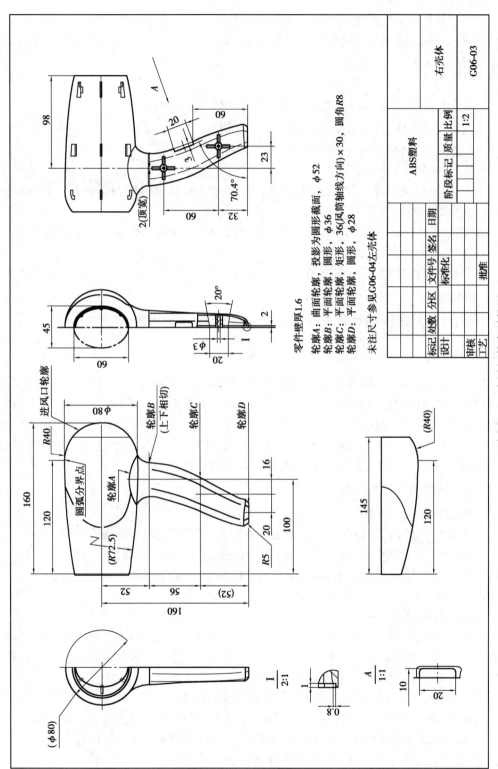

图4-2-1 吹风机外壳零件图

②以合作的方式完成吹风机外壳零件的加工。

③对吹风机外壳零件尺寸精度进行检测,并对误差进行分析。

【任务准备】

1.场地与软件、设备、夹具、工具、刀具、量具及学习资料准备

①数控实训车间、计算机室,以及软件 UG10 版本。

②数控铣床或加工中心,三菱 M80/M800 系统。

③夹具:机用虎钳。

④工具:机用虎钳扳手、内六角扳手、锁刀座、上刀扳手、BT40 刀柄、拉钉、等高垫铁、木锤、光电式寻边器及杠杆表等。

⑤刀具:$\phi20$ mm 平铣刀,$\phi16$ mm 球头铣刀,$\phi10$ mm 球头铣头,$\phi12$ mm 平铣刀。

⑥量具:游标卡尺、R 规。

⑦学习资料:零件图样,工艺规程文件,针对本任务的学习指南、工作页、精度检验单等。

2.材料准备

毛坯:尺寸为 205 mm×165 mm×50 mm 的方形毛坯,材料为铝合金(2Al2)。

【相关知识】

在机械加工行业中,随着自动控制技术、微电子技术、计算机技术及精密测量技术的迅速发展,数控加工技术得到了快速发展。现代产品外观形状丰富多样,各种具有复杂曲面的机械产品和具有复杂曲面型腔的模具越来越多,这些曲面的尺寸精度与表面粗糙度要求越来越高,这样对曲面的数控加工就提出了更高的要求。目前,对三维曲面零件的机加工采用数控加工方式是最为普遍的,其加工效率也最高。

1.曲面数控加工刀具轨迹生成

1)曲面数控加工对象

多坐标数控加工可解决任何复杂曲面零件的加工问题。根据零件的形状特征进行分类,可归纳为以下加工对象(或加工特征):空间曲线加工、曲面区域加工、组合曲面加工、曲面交线区域加工、曲面间过渡区域加工、裁剪曲面加工、复杂多曲面加工、曲面型腔加工及曲面通道加工。

2)刀具轨迹生成方法

一种较好的刀具轨迹生成方法,不仅应满足计算速度快、占用计算机内存少的要求,而且更重要的是要满足切削行距分布均匀、加工误差小且分布均匀、走刀步长分布合理、加工效率高等要求。目前,较常用的刀具轨迹生成方法主要有以下 5 种:

①参数线法:适用于曲面区域和组合曲面的加工编程。

②截平面法:适用于曲面区域、组合曲面、复杂多曲面及曲面型腔的加工编程。

③回转截面法:适用于曲面区域、组合曲面、复杂多曲面及曲面型腔的加工编程。

④投影法:适用于有干涉面存在的复杂多曲面和曲面型腔的加工编程。

⑤三坐标球形刀多面体曲面加工方法:适用于三角域曲面的加工编程。

2.UG 曲面数控加工功能

UG 三维曲面加工命令近 20 种,有非常多的加工方法来完成三维曲面零件的数控加工。UG 三维曲面加工操作命令如图 4-2-2 所示。对一般三维曲面零件的加工,实际上只要熟练掌握 UG 中的 4~5 个操作命令就可实现零件的快速自动编程,如型腔挖槽加工命令、等高加工命令、定轴区域铣加工命令、清根加工命令及曲面刻字命令,如图 4-2-2 所示。

1)型腔挖槽加工命令

型腔挖槽加工命令(CAVITY_MILL)是如图 4-2-2 所示的第一行第一个图标。该操作命令可完成粗加工单个或多个型腔,可沿任意类似型腔的形状进行去除大余量的粗加工,对非常复杂的形状产生刀具运动轨迹,确定走刀方式。

2)等高加工命令

等高加工命令(ZLEVEL_PROFILE)是如图 4-2-2 所示的第一行第六个图标。该操作命令可完成锥度面或曲面的半精加工和精加工。该命令加工曲面的精度和表面质量完全是依赖于"全局每刀深度"参数,该参数设置得越小,加工表面质量越好,但加工时间越长。

3)定轴区域铣加工命令

定轴区域铣加工命令(CONTOUR_AREA)是如图 4-2-2 所示的第二行第三个图标。该操作命令可完成绝大多数复杂曲面的半精加工和精加工,功能非常强大。有多种驱动方法和走刀方式可供选择,如边界切削、螺旋式切削及用户定义方式切削等,如图 4-2-3 所示。在边界驱动方式中,又可选择同心圆和放射状走刀等多种走刀方式,提供逆铣、顺铣控制以及螺旋进刀方式。

4)清根加工命令

清根加工命令(FLOWCUT_SINGLE)是如图 4-2-2 所示的第三行第二个图标。该操作命令可自动找出待加工零件上满足"双相切条件"的区域,一般情况下这些区域正好就是型腔中的根区和拐角。用户可直接选定加工刀具,UG/Flow Cut 模块将自动计算对应于此刀具的"双相切条件"区域并将其作为驱动几何,自动生成一次或多次走刀的清根程序。当出现复杂的型芯或型腔加工时,该模块可减少精加工或半精加工的工作量。

5)曲面刻字命令

曲面刻字命令(CONTOUR_TEXT)是如图 4-2-2 所示的第四行第一个图标。该操作命令可实现在曲面上进行刻字加工。

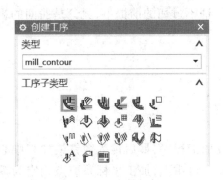

图 4-2-2 型腔铣粗加工

图 4-2-3 驱动方法的种类

3.数控铣削曲面时应注意的问题

①粗铣时,应根据被加工曲面给出的余量,用立铣刀按等高面一层一层的铣削。这种粗铣效率高,粗铣后的曲面类似于山坡上的梯田。台阶的高度视粗铣精度而定。

②半精铣的目的是铣削掉粗加工时留下的"梯田"台阶,使被加工表面更接近于理论曲面,采用球头铣刀一般为精加工工序留出 0.5 mm 左右的加工余量。半精加工的行距和步距可比精加工大。

③精加工最终加工出理论曲面。用球头铣刀精加工曲面时,一般用行切法。对于开敞性比较好的零件而言,行切的折返点应选在曲表的外面,即在编程时,应把曲面向外延伸些,对开敞性不好的零件表面,由于折返时,切削速度的变化,很容易在已加工表面上及阻挡面上,留下由停顿和振动产生的刀痕。因此,在加工和编程时,一是要在折返时降低进给速度,二是在编程时,被加工曲面折返点应稍离开阻挡面。对曲面与阻挡面相贯线应单独作一个清根程序加工,这样就会使被加工曲面与阻挡面光滑连接,而不致产生很大的刀痕。

④球头铣刀在铣削曲面时,其刀尖处的切削速度很低,如果用球刀垂直于被加工面铣削比较平缓的曲面时,球刀刀尖切出的表面质量比较差,故应适当地提高主轴转速,另外还应避免用刀尖切削。

⑤避免垂直下刀。平底圆柱铣刀有两种:一种是端面有顶尖孔,其端刃不过中心;另一种是端面无顶尖孔,端刃相连且过中心。在铣削曲面时,有顶尖孔的面铣刀绝对不能像钻头似的向下垂直进刀,除非预先钻有工艺孔,否则会把铣刀顶断。如果用无顶尖孔的平刀时,可垂直向下进刀,但由于切削刃角度太小,轴向力很大,故也应尽量避免,最好的办法是斜向下进刀,进到一定深度后再用侧刃横向切削。在铣削凹槽面时,可预钻出工艺孔以便下刀。用球头铣刀垂直进刀的效果虽比平底的面铣刀要好,但也因轴向力过大,影响切削效果的缘故,最好不使用这种下刀方式。

⑥铣削曲面零件时,如果发现零件材料热处理不好,有裂纹、组织不均匀等现象时,应及时停止加工,以免浪费工时。

⑦在进行自由曲面加工时,由于球头刀具的刀尖切削速度为零,因此,为保证加工精度,切削行距一般取得很密,故球头铣刀常用于曲面的精加工。平头刀具在表面加工质量和切削效率方面都优于球头刀,因此,只要在保证不过切的前提下,无论是曲面的粗加工还是精加工,都应优先选择平头刀。

【任务实施】

一、加工工艺分析

首先用 UG 软件生成刀路,仿真校验,生成加工程序,最后传入数铣或加工中心完成零件加工,毛坯两个长的垂直面(侧面)安装在平口钳上,加工坐标系原点确定为零件上表面的中心点,加工坐标系的 X 向与零件长度方向一致。零件的数控加工路线、切削刀具

（高速钢）和切削工艺参数见表 4-2-1。

表 4-2-1　切削参数

序号	加工项目	刀　具	背吃刀量 /mm	主轴转速 /(r·min⁻¹)	进给速度 /(mm·min⁻¹)
1	粗加工	ϕ20 mm 平铣刀	1.5	1 500	450
2	半精加工电吹风曲面	ϕ16 mm 球头刀	0.35	1 800	550
3	精加工电吹风曲面	ϕ10 mm 球头刀	0.3	2 500	900
4	等高精加工垂直曲面	ϕ12 mm 平铣刀	0.1	2 300	8 000

填写工序卡片，见表 4-2-2。

表 4-2-2　数控加工工序卡片（学生填写）

零件图号	4-2-1	数控加工 工序卡片		机床型号				
零件名称	吹风机外壳			机床编号				
零件材料	铝合金			使用夹具		机用虎钳		
工步描述								
工步编号	工步内容	刀具编号	刀具规格	主轴转速 /(r·min⁻¹)	进给速度 /(mm·min⁻¹)	背吃刀量 /mm	刀具偏置	
1								
2								
3								
4								

二、创建数控编程的准备操作

打开已绘制好的电吹风外壳实体模型文件，在下拉菜单条中选择"开始"→"加工"，打开"加工环境"对话框，直接单击"确定"按钮，进入数控加工界面。

1.创建程序组

①单击"创建程序"图标，弹出"创建程序"对话框，设置类型为 mill_contour，程序为 NC_PROGRAM，名称为 1，如图 4-2-4 所示。

②依次单击"应用"和"确定"按钮，完成名称为 1 的程序创建。

③按照上述操作方法，依次创建名称为 2，3，4 的程序。

图 4-2-4　创建程序组

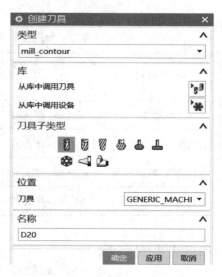

图 4-2-5　创建刀具组

2.创建刀具组

①单击"创建刀具"图标,弹出"创建刀具"对话框,设置类型为 mill_contour,刀具子类型 MILL,名称为 D20,如图 4-2-5 所示。

②单击"应用"按钮,弹出"铣刀-5 参数"对话框,将直径数值更改为 20,其余数值采用默认,如图 4-2-6 所示;单击"确定"按钮,完成直径为 20 mm 的平铣刀创建。

③按照上述操作方法,完成名称为 D12(直径为 12 mm)的平铣刀创建。

④单击"创建刀具"图标,弹出"创建刀具"对话框,设置类型为 mill_contour,刀具子类型为 BALL_MILL,名称为 R5,如图 4-2-7 所示。

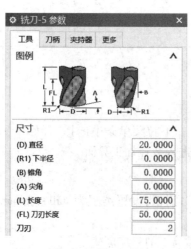

图 4-2-6　设置刀具

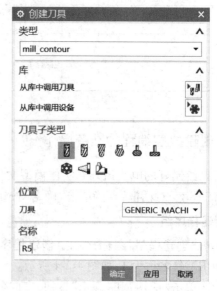

图 4-2-7　创建刀具

⑤单击"应用"按钮,弹出"铣刀-球头铣"对话框,将直径数值更改为16,其余数值采用默认;单击"确定"按钮,完成直径为16 mm的球头铣刀创建,单击"取消"按钮。

⑥按照同样的方法,完成名称为R5直径为10 mm的球头铣刀创建。

3.创建几何体

①在下拉菜单条中,选择"文件"→"所有应用模块"→"特定于工艺"→"注塑模向导",单击"注塑模工具"图标,如图4-2-8所示;在弹出的"注塑模工具"对话框中,单击第一个"创建方块"图标,如图4-2-9所示。

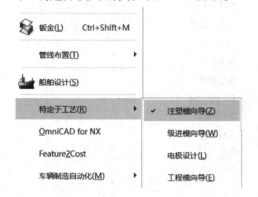

图4-2-8 注塑模向导

图4-2-9 创建毛坯

②在弹出的"创建方块"对话框中,将类型设置为包容块,将设置下面的间隙设置为2。

③依次选取如图4-2-1所示电吹风外壳上表面和下表面,单击"确定"按钮,包容电吹风外壳的立方块创建完成。

④关闭"注塑模工具"对话框,在下拉菜单条中,选择"开始"→"所有应用模块"→"注塑模向导",关闭"注塑模向导"工具栏。

⑤在视图菜单条中,选择"编辑对象显示",选取刚创建的立方块,单击"确定"按钮,弹出"编辑对象显示"对话框,将透明度游标拖到60的位置,如图4-2-10所示;单击"确定"按钮,此时屏幕的图形如图4-2-11所示。

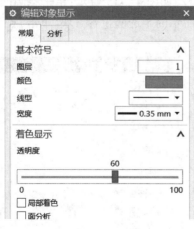

图4-2-10 设置透明度

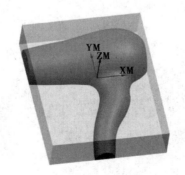

图4-2-11 透明度的显示

⑥单击"创建几何体"图标,弹出"创建几何体"对话框,单击几何体子类型下的"MCS"图标,几何体设置为 GEOMETRY,名称设置为 MCS-1,如图 4-2-12 所示,单击"应用"按钮。

⑦在弹出的"MCS"对话框中,选择指定 MCS 下拉框中的"自动判断",如图 4-2-13 所示,选取如图 4-2-14 所示透明方块的上表面。依次单击"确定"和"取消"按钮,名称为 MCS-1 的加工坐标系创建完成。

图 4-2-12　创建加工坐标名称　　　　　　图 4-2-13　设置加工坐标

三、创建数控编程的加工操作

1.型腔粗加工

①单击"创建工序"图标,在弹出的"创建工序"对话框中,设置类型为 mill_contour,工序子类型为 CAVITY_MILL,程序为 1,刀具为 D20,几何体为 MCS-1,方法为 MILL_ROUGH。

②单击"应用"按钮,弹出"型腔铣"对话框,如图 4-2-15 所示;单击"指定毛坯"图标,弹出"毛坯几何体"对话框,选取如图 4-2-14 所示的半透明包容方块,单击"确定"按钮,返回到"型腔铣"对话框。

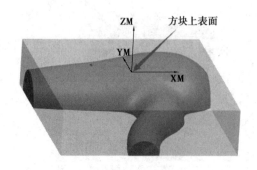

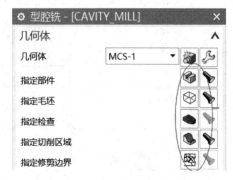

图 4-2-14　加工坐标位置　　　　　　　　图 4-2-15　创建型腔铣

③按键盘上的"Ctrl+B"键,弹出"类选择"对话框,选取如图 4-2-14 所示的半透明包容方块,单击"确定"按钮,半透明包容方块被隐藏。

④在"型腔铣"对话框中,单击"指定部件"图标,弹出"部件几何体"对话框,选取如图 4-2-1 所示的电吹风外壳实体,单击"确定"按钮。

⑤在"型腔铣"对话框中,设置切削模式为跟随周边,平面直径百分比为50,每刀的公共深度为恒定,最大距离为1.8,如图 4-2-16 所示。

⑥单击"切削层"图标,弹出"切削层"对话框。将范围类型设置为单个,选取电吹风实体的下表面,此时范围深度的文本框数值更改为 35.7952,如图 4-2-17 所示(说明:直接在范围深度的文本框内输入 35.7952 与其等效);单击"确定"按钮,返回到"型腔铣"对话框。

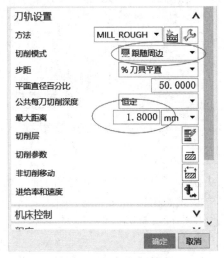

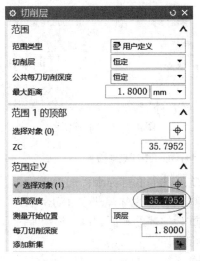

图 4-2-16　型腔铣参数设置　　　　图 4-2-17　切削深度

⑦单击"切削参数"图标,弹出"切削参数"对话框。在"策略"选项卡中,将切削方向设置为顺铣,切削顺序设置为深度优先,刀路方向设置为向内,勾选"岛清根"复选框、"添加精加工刀路"复选框,并将刀路数设置为1,精加工步距设置为0.5,如图 4-2-18 所示;在"余量"选项卡中,勾选"使底面余量和侧面余量一致"复选框,设置部件侧面余量为 0.5,其他余量设置为0,如图 4-2-19 所示,单击"确定"按钮。

⑧单击"非切削移动"图标,在弹出的"非切削移动"对话框中,设置封闭区域进刀类型为螺旋,直径为 50%刀具,斜坡角为 5,最小斜面长度为 50%刀具,设置开放区域进刀类型为线性,其余采用默认值,单击"确定"按钮。

⑨单击"进给率和速度"图标,弹出"进给率和速度"对话框,设置合适的主轴速度和切削数值,单击"确定"按钮。

⑩单击"生成"图标,刀具轨迹生成,依次单击"确定"和"取消"按钮;在图形区域窗口的空白处,单击鼠标右键,弹出右键菜单,选择"刷新"项,清除刀具轨迹线条。

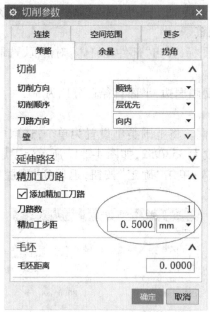

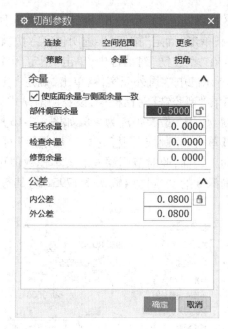

图 4-2-18　精加工设置　　　　　　图 4-2-19　加工余量设置

2.半精加工电吹风曲面

电吹风曲面底部与水平面为直角,利用球头铣刀对电吹风曲面进行加工时,球头铣刀会对电吹风周边的材料进行过切。因此,在对电吹风曲面进行加工前,应做一个与电吹风下表面重合的辅助平面,并以该辅助平面为加工干涉面,以防止球头铣刀对电吹风周边的材料进行过切。

①在下拉菜单条中,选择"开始"→"建模",进入建模环境中。单击"草图"图标,弹出"创建草图"对话框,选取电吹风的下表面,如图 4-2-20 所示;单击"确定"按钮,绘制一端点坐标为(−45,−10)、长度为 180、角度为 90°的垂直线段,如图 4-2-21 所示;单击"完成草图"图标,返回到建模环境中。

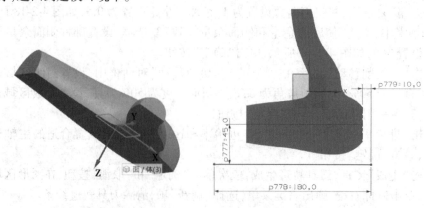

图 4-2-20　创建草图　　　　　　图 4-2-21　绘制平面图

②单击"拉伸"图标,弹出"拉伸"对话框,选取如图 4-2-21 所示的垂直线;在"拉伸"对话框中,将指定矢量设定为 YC 向,开始距离设置为 0,结束距离设置为 −195,布尔设置为无,如图 4-2-22 所示;单击"确定"按钮,完成辅助平面的创建,如图 4-2-23 所示。

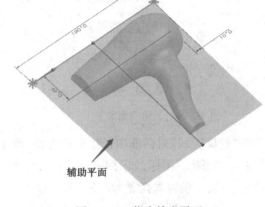

辅助平面

图 4-2-22 拉伸 图 4-2-23 指定检查平面

③在下拉菜单条中,选择"开始"→"加工",进入加工环境中。单击"创建工序"图标,在弹出的"创建工序"对话框中,设置类型为 mill_contour,工序子类型为 CONTOUR_AREA,程序为 2,刀具为 R8,几何体为 MCS-1,方法为 MILL_SEMI_FINISH,如图 4-2-24所示。

④单击"应用"按钮,弹出"轮廓区域"对话框。单击"指定部件"图标,弹出"部件几何体"对话框,选取电吹风实体(此时不要选取辅助平面),单击"确定"按钮,返回到"轮廓区域"对话框。

⑤单击"指定切削区域"图标,弹出"切削区域"对话框,选取如图 4-2-25 所示的电吹风 3 个曲面(不包括电吹风的两个垂直端面和下表面);单击"确定"按钮,返回到"轮廓区域"对话框。

⑥单击"指定检查"图标,弹出"检查几何体"对话框,选取如图 4-2-23 所示的辅助平面(备注说明:应将选择类型由"实体"更改为"面",否则无法进行选择操作);单击"确定"按钮,返回到"轮廓区域"对话框。

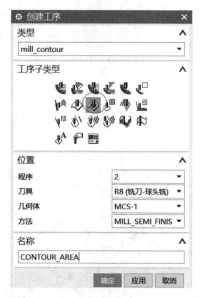

图 4-2-24 创建曲面加工

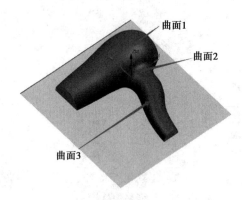

图 4-2-25 选取加工曲面

⑦在"轮廓区域"对话框中,将"驱动方法"项下的方法设置为区域铣削,并单击"驱动方法"项下的"编辑"图标,如图 4-2-26 所示;弹出"区域铣削驱动方法"对话框,将切削模式设置为往复,切削方式设置为顺铣,步距设置为恒定,距离设置为 2.5 mm,步距已应用设置为在部件上,切削角设置为自动,如图 4-2-27 所示,单击"确定"按钮。

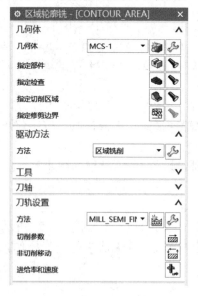

图 4-2-26 曲面加工参数

图 4-2-27 驱动方法设置

⑧单击"切削参数"图标,在"切削参数"对话框的"余量"选项卡下,设置部件余量为0.2,其余参数采用默认设置,单击"确定"按钮。

⑨单击"非切削移动"图标,弹出"非切削移动"对话框。在"进刀"选项卡中,设置开放区域进刀类型为圆弧-平行于刀轴,其余参数采用默认值,单击"确定"按钮。

⑩单击"进给率和速度"图标,弹出"进给率和速度"对话框,设置合适的主轴速度和切削数值,单击"确定"按钮。

⑪单击"生成"图标,刀具轨迹生成,如图 4-2-28 所示;其中,电吹风周边出现的垂直刀轨是避让干涉平面而产生的。

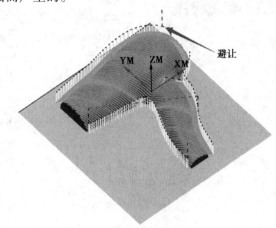

图 4-2-28 轨迹仿真

⑫依次单击"确定"和"取消"按钮。在图形区域窗口的空白处,单击鼠标右键,弹出右键菜单,选择"刷新"项,清除刀具轨迹线条。

3.精加工电吹风曲面

①按键盘上的"Ctrl+B"键,弹出"类选择"对话框;选取如图 4-2-23 所示的辅助平面,单击"确定"按钮,辅助直线和辅助平面被隐藏。

②在工序导航器窗口中,选择程序 2 下的 CONTOUR_AREA 操作,单击鼠标右键,弹出右键菜单,选择"复制";单击程序 3,单击鼠标右键,弹出右键菜单,选择"内部粘贴"。

③双击程序 3 下的 CONTOUR_AREA_COPY 操作,弹出"轮廓区域"对话框。在"轮廓区域"对话框中,单击"驱动方法"项下的"编辑"图标,如图 4-2-29 所示;弹出"区域铣削驱动方法"对话框,将步距设置为残余高度,残余高度设置为 0.01,切削角设置为自动,如图 4-2-30 所示,单击"确定"按钮。

④单击"轮廓区域"对话框中"刀具"项右侧的三角符号,如图 4-2-31 所示;将刀具项展开,并将刀具设置为 R5,如图 4-2-32 所示。

⑤单击"切削参数"图标,在"切削参数"对话框的"余量"选项卡中,所有余量都设置为 0,所有公差都设置为 0.005,如图 4-2-33 所示,单击"确定"按钮。

⑥单击"进给率和速度"图标,弹出"进给率和速度"对话框。设置合适的精加工主轴速度和切削数值,单击"确定"按钮。

⑦单击"生成"图标,刀具轨迹生成,单击"确定"按钮;在图形区域窗口的空白处,单

击鼠标右键,弹出右键菜单,选择"刷新"项,清除刀具轨迹线条。

图 4-2-29　创建精加工

图 4-2-30　精加工驱动设置

图 4-2-31　精加工参数

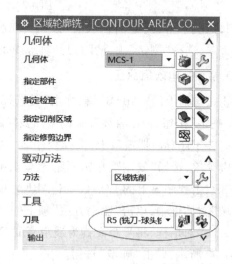

图 4-2-32　精加工刀具

4.等高精加工电吹风底部曲面

①单击"创建工序"图标,在弹出的"创建工序"对话框中,设置类型为 mill_contour,工序子类型为 ZLEVEL_PROFILE,程序为 4,刀具为 D12,几何体为 MCS-1,方法为 MILL_FINISH,如图 4-2-34 所示。

图 4-2-33　切削参数

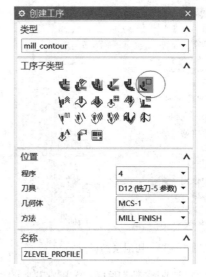

图 4-2-34　创建深度轮廓铣

②单击"应用"按钮,弹出"深度加工轮廓"对话框,单击"指定部件"图标,如图 4-2-35 所示;弹出"部件几何体"对话框,选取零件实体,单击"确定"按钮,返回"深度加工轮廓"对话框。

图 4-2-35　部件的选取

图 4-2-36　加工参数

③在"深度加工轮廓"对话框中,单击"指定切削区域"图标,弹出"切削区域"对话框;选取零件所有的表面,单击"确定"按钮,返回到"深度加工轮廓"对话框。

④在"深度加工轮廓"对话框中,设置合并距离为 5,最小切削长度为 0.5,每刀的公共深度为恒定,最大距离为 0.1,如图 4-2-36 所示。

⑤单击"切削层"图标,弹出"切削层"对话框,将范围类型设置为单个,ZC 设置为 6,并按"Enter"键,其他设置参考图 4-2-37。此时,屏幕如图 4-2-38 所示,单击"确定"按钮。

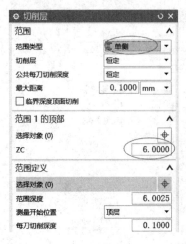

图 4-2-37　切削层的设置

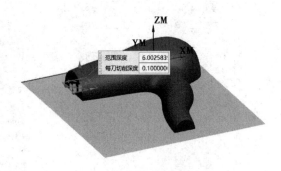

图 4-2-38　选取切削层

⑥单击"切削参数"图标,弹出"切削参数"对话框;在"策略"选项卡中,将切削方向设置为顺铣,切削顺序设置为层优先,如图 4-2-39 所示;在"余量"选项卡中,将所有公差设置为 0.03,如图 4-2-40 所示,单击"确定"按钮。

图 4-2-39　切削方法

图 4-2-40　精加工余量

⑦单击"非切削移动"图标,在弹出的"非切削移动"对话框中,设置开放区域进刀类型为圆弧,其余采用默认值,单击"确定"按钮。

⑧单击"进给率和速度"图标,弹出"进给率和速度"对话框。设置合适的精加工主轴速度和切削数值,单击"确定"按钮。

⑨单击"生成"图标,刀具轨迹生成,如图 4-2-41 所示;依次单击"确定"和"取消"按钮。在图形区域窗口的空白处,单击鼠标右键,弹出右键菜单,选择"刷新"项,清除刀具轨迹线条。

四、实体模拟仿真加工

①按住"Ctrl"键不放,用鼠标依次单击程序下的 4 个操作,如图 4-2-42 所示;松开"Ctrl"键,并在如图 4-2-42 所示的区域内单击鼠标右键(光标应放在操作名上面再单击鼠标右键),弹出右键菜单,并将鼠标移动到"刀轨"→"确认"。

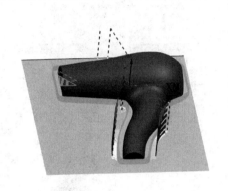

图 4-2-41 刀轨仿真   图 4-2-42 多工序选取

②选择"确认"项,弹出"刀轨可视化"对话框;单击"2D 动态""播放"图标,仿真加工开始,最后得到如图 4-2-43 所示的仿真加工效果。

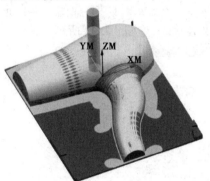

图 4-2-43 仿真效果

五、后处理与数控代码输出

计算机辅助制造的目的是生成数控机床控制器所能识别的代码源程序。这些源程序控制着数控机床一切的运动和操作行为,即要想实现一个零件的完整加工,数控机床的控制器必须执行这些代码源程序。使用自动编程软件生成的刀位文件必须经过后处理操作才能输出代码源程序,即 NC 文件。后处理时,必须要掌握两个原则:一是使用同一把刀具的操作才能一起进行后处理输出 NC 程序,如果使用不同刀具的操作则必须分开来后处理;二是后处理时必须选择相应的后处理器,使用三轴数控机床加工必须选择三轴后处理器,如果使用多轴数控机床加工的则必须选择多轴后处理器。下面演示程序 1 的后处理过程,其他程序的后处理过程相同。

①将加工导航器转换到"程序视图",选择程序 1 下的 PLANAR_MILL 操作,如图 4-2-44 所示。

②在操作名称位置处单击鼠标右键(即在蓝色区域处单击鼠标右键),弹出右键菜单,选择"后处理"项,如图 4-2-45 所示。

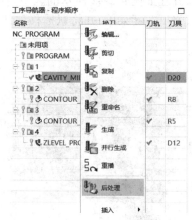

图 4-2-44　选取加工工序　　　　　图 4-2-45　生成后处理

③弹出"后处理"对话框,在该对话框中选择"MILL_3_AXIS"后处理器,设置单位为公制/部件,如图 4-2-46 所示。

④单击"确定"按钮,弹出一个提示对话框,如图 4-2-47 所示;继续单击"确定"按钮,屏幕出现了后处理获得的数控代码,如图 4-2-48 所示。

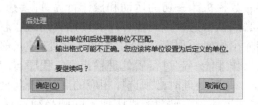

图 4-2-46　选取后处理类型　　　　　图 4-2-47　确认单位

```
%
N0010 G40 G17 G90 G71
N0020 G91 G28 Z0.0
N0030 T01 M06
N0040 G00 G90 X117.3876 Y-9.3351 S1500 M03
N0050 G43 Z10. H01
N0060 Z1.5085
N0070 G01 Z-1.4915 F450. M08
N0080 X67.5442 Y-4.4145
N0090 X67.5151 Y-4.6986
N0100 X67.4883 Y-4.9653
N0110 G02 X65.2049 Y-17.0518 I-66.6174 J6.3266
N0120 G01 X64.6526 Y-18.7197
N0130 G02 X57.0763 Y-34.5216 I-117.2675 J46.5077
```

图 4-2-48　程序的生成

六、加工工件

1.加工准备

按照数控铣床或加工中心操作规程进行操作,注意一人操作,其他同学认真观察。

①开机、回参考点。

②阅读零件图,检查毛坯尺寸。

③装夹找正工件。

④装夹刀具,装上立铣刀 φ20 mm 放到刀库 1 号,球刀 φ16 mm 放到刀库 2 号,球刀 φ10 mm 放到刀库 3 号,平铣刀 φ12 mm 放到刀库 4 号。

⑤对刀并设定工件坐标系。

⑥将生成的程序通过 U 盘或数据线传入机床中。

⑦程序校验。

把工件坐标系的 Z 轴朝正方向上移 50 mm,方法是在 00　G54 的 Z 中设置为 50,打开"图形模拟"窗口,按下"循环启动"键,降低进给速度,检查刀具运动是否正确。

2.加工工件

①粗、精铣工件上表面调用平面粗加工程序,粗铣上表面,测量这时工件的高度打开平面精加工程序,修改程序中下刀的程序段,自动加工,保证工件的高度尺寸。

②调用软件生成的程序,按"循环启动"按钮,完成平面凸轮的粗、精加工。

③松开夹具,卸下工件,清理机床。

【任务考评】

零件加工质量检测标准见表4-2-3。

表 4-2-3 评分标准

总分		姓名		日期		加工时长	
项目	序号	技术要求	配分	评分标准	学生自测	老师检测	得分
尺寸检测	1	轮廓外形长 200 mm	5	不合格不得分			
	2	轮廓外形宽 145 mm	5	不合格不得分			
	3	轮廓外形高 40 mm	5	不合格不得分			
	4	进风口 φ80 mm	5	不合格不得分			
	5	出风口椭圆 60×45 mm	5	不合格不得分			
	6	圆弧 R40	5	不合格不得分			
	7	倒角 R5	5	不合格不得分			
	8	曲面表面光滑无明显刀痕	10	不合格每处扣 2 分			
	9	圆弧交接处光滑过渡	15	不合格每处扣 3 分			
编程	10	加工工序卡	10	不合理每处扣 1 分			
	11	程序正确、简单、规范	5	每错一处扣 1 分			
	12	程序的正确传输	5	出错一次扣 1 分			
操作	13	机床操作规范	5	出错一次扣 1 分			
	14	工件、刀具装夹正确	5	出错一次扣 1 分			
安全	15	安全操作	5	安全事故停止操作			
	16	整理机床、维护保养	5	酌情扣分			
		合计	100				

【任务训练】

在铝合金毛坯上,利用软件正确地设置加工刀路,并生成加工程序,自选刀具、自定切削用量参数加工如图 4-2-49 所示的零件。

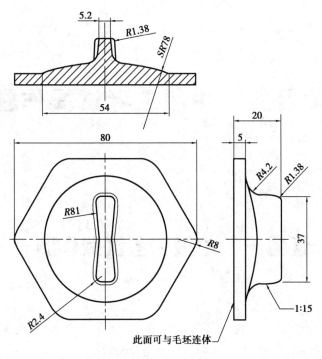

图 4-2-49　瓶盖练习图

项目五　中级工考试操作题

任务一　中级工考试操作题一

【任务目标】

- 能正确选择和使用铣刀,合理确定切削用量参数;
- 巩固沟槽、外形轮廓加工工艺的制订;
- 巩固粗、精加工的走刀路线;
- 能熟练进行手工编程与加工;
- 能根据图样要求合理控制零件尺寸;
- 清扫卫生,维护机床,收工具。

【任务描述】

学校组织数控技能等级考试,需要在 240 min 内完成如图 5-1-1 所示零件的加工。任务内容如下:

①合理制订零件的数控铣削加工工艺。

②独立完成零件加工程序编制及零件加工。

③按评分标准要求达到 60 分以上。

【任务准备】

1.场地、设备、夹具、工具、刀具及量具准备

①数控车间或实训室。

②数控铣床或加工中心,三菱 M80/M800 系统。

③夹具:机用虎钳。

④工具:虎钳扳手、等高垫铁、油石、寻边器、杠杆表、磁力表座、卸刀座及扳手等。

⑤刀具:面铣刀 $\phi50$ mm;立铣刀 $\phi10$ mm,$\phi12$ mm 等;键槽铣刀 $\phi8$ mm,$\phi10$ mm;钻头

ϕ11.8 mm;铰刀 ϕ12H7;中心钻;倒角铣刀。

⑥量具:内测千分尺、外径千分尺、深度千分尺、游标卡尺、ϕ12H7 光滑塞规等。

2.材料准备

毛坯:毛坯尺寸为 110 mm×110 mm×30 mm,毛坯材料为铝合金(2Al2)。

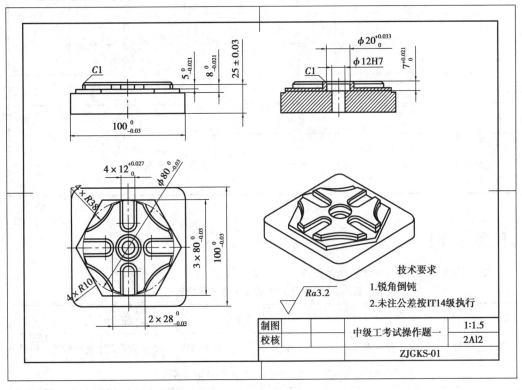

图 5-1-1　中级工考试操作题一

【任务实施】

合理选择刀具及切削参数,制订零件的加工工艺,填写表 5-1-1 的工序卡片。

表 5-1-1　数控加工工序卡片

零件图号			机床型号	
零件名称		数控加工工序卡片	机床编号	
零件材料			使用夹具	
工步描述						
工步编号	工步内容	刀具编号	刀具规格	主轴转速/(r · min⁻¹)	进给速度/(mm · min⁻¹)	背吃刀量/mm	刀具偏置
1							

续表

工步编号	工步内容	刀具编号	刀具规格	主轴转速/(r·min⁻¹)	进给速度/(mm·min⁻¹)	背吃刀量/mm	刀具偏置
2							
3							
4							
5							
6							
7							
8							

【任务考评】

零件加工质量检测标准(评分标准)见表 5-1-2。

表 5-1-2　中级工考试操作题一评分标准

总分			姓名		日期			加工时长		
项目	序号	技术要求		配分	评分标准		学生自测	老师检测	得分	
外轮廓	1	长度 $100_{-0.03}^{0}$ mm		5	超差 0.01 扣 1 分					
	2	宽度 $100_{-0.03}^{0}$ mm		5	超差 0.01 扣 1 分					
	3	高度 25 ± 0.03 mm		5	超差 0.01 扣 1 分					
	4	六边形 $3\times80_{-0.03}^{0}$ mm		5	超差 0.01 扣 1 分					
	5	直径 $\phi80_{-0.03}^{0}$ mm		5	超差 0.01 扣 1 分					
	6	宽度 $2\times28_{-0.03}^{0}$ mm		5	超差 0.01 扣 1 分					
深度	7	$5_{-0.021}^{0}$ mm		3	超差 0.01 扣 1 分					
	8	$8_{-0.021}^{0}$ mm		3	超差 0.01 扣 1 分					
	9	$7_{0}^{+0.021}$ mm		3	超差 0.01 扣 1 分					
内轮廓	10	槽宽 $4\times12_{0}^{+0.027}$ mm		5	超差 0.01 扣 1 分					
	11	孔径 $\phi12_{0}^{+0.033}$ mm		5	超差 0.01 扣 1 分					
	12	内孔 $\phi12H7$		6	超差不得分					

续表

项目	序号	技术要求	配分	评分标准	学生自测	老师检测	得分
圆弧	13	圆弧 4×R38 mm	4	超差不得分			
	14	圆弧 4×R10 mm	4	超差不得分			
倒角	15	C1	2	超差不得分			
表面质量	16	表面粗糙度 Ra3.2 μm	3	每处降一级扣1分			
	17	锐角倒钝	2	未处理不得分			
编程	18	加工工序卡	5	不合理每处扣1分			
	19	程序正确、简单、规范	5	每错一处扣1分			
操作	20	机床操作规范	5	出错一次扣2分			
	21	工件、刀具装夹正确	5	出错一次扣1分			
安全文明	22	安全操作	5	安全事故停止操作			
	23	整理机床、维护保养	5	酌情扣分			
合　计			100				

任务二　中级工考试操作题二

【任务目标】

- 能正确选择和使用铣刀,合理确定切削用量参数;
- 巩固内凹槽、外形轮廓加工工艺的制订;
- 巩固粗、精加工的走刀路线;
- 能熟练进行手工编程与加工;
- 能根据图样要求合理控制零件尺寸;
- 清扫卫生,维护机床,收工具。

【任务描述】

学校组织数控铣工技能等级考试,需要在 240 min 内完成如图 5-2-1 所示零件的加工。任务内容如下：

①合理制订零件的数控铣削加工工艺。

②独立完成零件加工程序编制及零件加工。

③按评分标准要求达到 60 分以上。

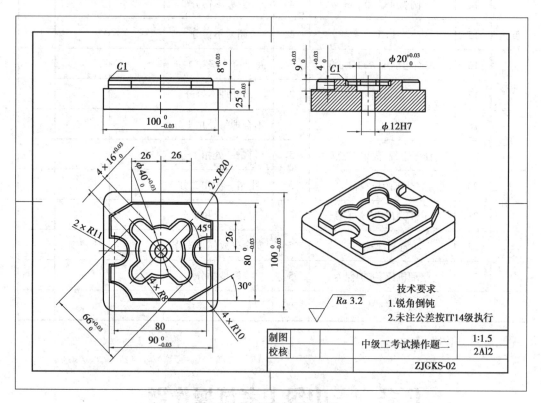

图 5-2-1　中级工考试操作题二

【任务准备】

1.场地、设备、夹具、工具、刀具及量具准备

①数控车间或实训室。

②数控铣床或加工中心，三菱 M80/M800 系统。

③夹具：机用虎钳。

④工具：虎钳扳手、等高垫铁、油石、寻边器、杠杆表、磁力表座、卸刀座及扳手等。

⑤刀具：面铣刀 $\phi50$ mm；立铣刀 $\phi10$ mm，$\phi12$ mm 等；键槽铣刀 $\phi8$ mm，$\phi10$ mm；钻头 $\phi11.8$ mm；铰刀 $\phi12$H7；中心钻；倒角铣刀。

⑥量具：内测千分尺、外径千分尺、深度千分尺、游标卡尺、$\phi12$H7 光滑塞规等。

2.材料准备

毛坯:毛坯尺寸为 110 mm×110 mm×30 mm,毛坯材料为铝合金(2Al2)。

【任务实施】

合理选择刀具及切削参数,制订零件的加工工艺,填写表 5-2-1 的工序卡片。

表 5-2-1　数控加工工序卡片

零件图号		数控加工工序卡片	机床型号	
零件名称			机床编号	
零件材料			使用夹具	
工步描述							

工步编号	工步内容	刀具编号	刀具规格	主轴转速/$(r \cdot min^{-1})$	进给速度/$(mm \cdot min^{-1})$	背吃刀量/mm	刀具偏置
1							
2							
3							
4							
5							
6							
7							
8							

【任务考评】

零件加工质量检测标准(评分标准)见表 5-2-2。

表 5-2-2　中级工考试操作题二评分标准

总分		姓名		日期		加工时长		
项目	序号	技术要求	配分	评分标准	学生自测	老师检测	得分	
外轮廓	1	长度 $100_{-0.03}^{0}$ mm	4	超差 0.01 扣 1 分				
	2	宽度 $100_{-0.03}^{0}$ mm	4	超差 0.01 扣 1 分				
	3	高度 $25_{-0.03}^{0}$ mm	4	超差 0.01 扣 1 分				
	4	凸台长度 $90_{-0.03}^{0}$ mm	4	超差 0.01 扣 1 分				
	5	凸台宽度 $80_{-0.03}^{0}$ mm	4	超差 0.01 扣 1 分				
	6	30°	4	超差 0.01 扣 1 分				
深度	7	$4_{0}^{+0.03}$ mm	3	超差 0.01 扣 1 分				
	8	$8_{0}^{+0.03}$ mm	3	超差 0.01 扣 1 分				
	9	$9_{0}^{+0.03}$ mm	3	超差 0.01 扣 1 分				
内轮廓	10	$4 \times 16_{0}^{+0.03}$ mm	4	超差 0.01 扣 1 分				
	11	$66_{0}^{+0.03}$ mm	4	超差 0.01 扣 1 分				
	12	$\phi 40_{0}^{+0.03}$ mm	4	超差 0.01 扣 1 分				
	13	$\phi 20_{0}^{+0.03}$ mm	4	超差 0.01 扣 1 分				
	14	$\phi 12H7$	6	超差不得分				
圆弧	15	$2 \times R11$ mm	2	超差不得分				
	16	$2 \times R20$ mm	2	超差不得分				
	17	$4 \times R8$ mm	2	超差不得分				
	18	$4 \times R10$ mm	2	超差不得分				
倒角	19	$C1$	2	超差不得分				
表面质量	20	表面粗糙度 $Ra3.2$ μm	3	每处降一级扣 1 分				
	21	锐角倒钝	2	未处理不得分				
编程	22	加工工序卡	5	不合理每处扣 1 分				
	23	程序正确、简单、规范	5	每错一处扣 1 分				
操作	24	机床操作规范	5	出错一次扣 2 分				
	25	工件、刀具装夹正确	5	出错一次扣 1 分				

项目	序号	技术要求	配分	评分标准	学生自测	老师检测	得分
安全文明	26	安全操作	5	安全事故停止操作			
	27	整理机床、维护保养	5	酌情扣分			
合　计			100				

任务三　中级工考试操作题三

【任务目标】

- 能正确选择和使用铣刀,合理确定切削用量参数;
- 巩固凸台加工工艺的制订;
- 巩固粗、精加工的走刀路线;
- 能熟练进行手工编程与加工;
- 能根据图样要求合理控制零件尺寸;
- 清扫卫生,维护机床,收工具。

【任务描述】

学校组织数控铣工技能等级考试,需要在 240 min 内完成如图 5-3-1 所示零件的加工。任务内容如下:

①合理制订零件的数控铣削加工工艺。

②独立完成零件加工程序编制及零件加工。

③按评分标准要求达到 60 分以上。

【任务准备】

1.场地、设备、夹具、工具、刀具及量具准备

①数控车间或实训室。

②数控加工中心,三菱 M80/M800 系统。

③夹具:机用虎钳。

④工具:虎钳扳手、等高垫铁、油石、寻边器、杠杆表、磁力表座、卸刀座及扳手等。

⑤刀具:面铣刀 ϕ50 mm;立铣刀 ϕ10 mm,ϕ12 mm 等;键槽铣刀 ϕ8 mm,ϕ10 mm;钻头 ϕ11.8 mm;铰刀 ϕ12H7;中心钻;倒角铣刀。

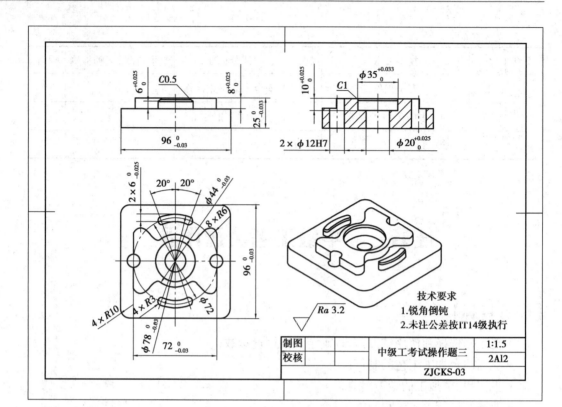

图 5-3-1　中级工考试操作题三

⑥量具：内测千分尺、外径千分尺、深度千分尺、游标卡尺、ϕ12H7 光滑塞规等。

2.材料准备

毛坯：毛坯尺寸为 110 mm×110 mm×30 mm，毛坯材料为铝合金（2Al2）。

【任务实施】

合理选择刀具及切削参数，制订零件的加工工艺，填写表 5-3-1 的工序卡片。

表 5-3-1　数控加工工序卡片

零件图号				机床型号	
零件名称		数控加工工序卡片		机床编号	
零件材料				使用夹具	
工步描述						
工步编号	工步内容	刀具编号	刀具规格	主轴转速 /(r·min⁻¹)	进给速度 /(mm·min⁻¹)	背吃刀量 /mm	刀具偏置
1							

续表

工步编号	工步内容	刀具编号	刀具规格	主轴转速/(r·min⁻¹)	进给速度/(mm·min⁻¹)	背吃刀量/mm	刀具偏置
2							
3							
4							
5							
6							
7							
8							

【任务考评】

零件加工质量检测标准(评分标准)见表5-3-2。

表5-3-2 中级工考试操作题三评分标准

总分			姓名		日期		加工时长		
项目	序号	技术要求		配分	评分标准		学生自测	老师检测	得分
外轮廓	1	长度 $96_{-0.03}^{0}$ mm		4	超差 0.01 扣 1 分				
	2	宽度 $96_{-0.03}^{0}$ mm		4	超差 0.01 扣 1 分				
	3	高度 $25_{-0.033}^{0}$ mm		4	超差 0.01 扣 1 分				
	4	$72_{-0.03}^{0}$ mm		4	超差 0.01 扣 1 分				
	5	$\phi44_{-0.03}^{0}$ mm		4	超差 0.01 扣 1 分				
	6	$\phi78_{-0.03}^{0}$ mm		6	超差 0.01 扣 1 分				
	7	$2\times6_{-0.025}^{0}$ mm		4	超差 0.01 扣 1 分				
深度	8	$6_{0}^{+0.025}$ mm		3	超差 0.01 扣 1 分				
	9	$8_{0}^{+0.025}$ mm		3	超差 0.01 扣 1 分				
	10	$10_{0}^{+0.025}$ mm		3	超差 0.01 扣 1 分				

续表

项目	序号	技术要求	配分	评分标准	学生自测	老师检测	得分
内轮廓	11	$\phi 35^{+0.033}_{0}$ mm	4	超差 0.01 扣 1 分			
	12	$\phi 20^{+0.025}_{0}$ mm	4	超差 0.01 扣 1 分			
	13	$2\times\phi 12$H7	8	超差不得分			
圆弧	14	$8\times R6$ mm	2	超差不得分			
	15	$4\times R3$ mm	2	超差不得分			
	16	$4\times R10$ mm	2	超差不得分			
倒角	17	$C1$	2	超差不得分			
	18	$C0.5$	2	超差不得分			
表面质量	19	表面粗糙度 $Ra3.2$ μm	3	每处降一级扣 1 分			
	20	锐角倒钝	2	未处理不得分			
编程	21	加工工序卡	5	不合理每处扣 1 分			
	22	程序正确、简单、规范	5	每错一处扣 1 分			
操作	23	机床操作规范	5	出错一次扣 2 分			
	24	工件、刀具装夹正确	5	出错一次扣 1 分			
安全文明	25	安全操作	5	安全事故停止操作			
	26	整理机床、维护保养	5	酌情扣分			
合　计			100				

任务四　中级工考试操作题四

【任务目标】

- 能正确选择和使用铣刀,合理确定切削用量参数;
- 巩固凸台加工工艺的制订;
- 巩固粗、精加工的走刀路线;
- 能熟练进行手工编程与加工;
- 能根据图样要求合理控制零件尺寸;

• 清扫卫生,维护机床,收工具。

【任务描述】

学校组织数控铣工技能等级考试,需要在 240 min 内完成如图 5-4-1 所示零件的加工。任务内容如下:

①合理制订零件的数控铣削加工工艺。

②独立完成零件加工程序编制及零件加工。

③按评分标准要求达到 60 分以上。

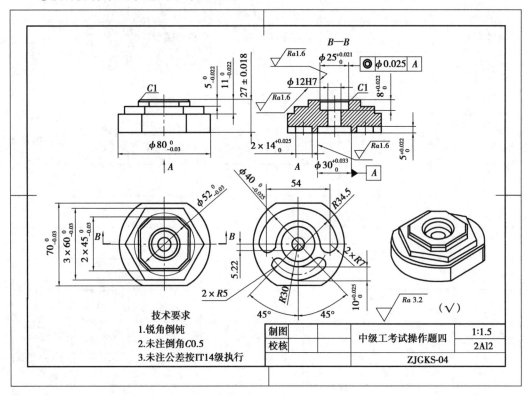

图 5-4-1　中级工考试操作题四

【任务准备】

1.场地、设备、夹具、工具、刀具及量具准备

①数控车间或实训室。

②数控加中心,三菱 M80/M800 系统。

③夹具:机用虎钳。

④工具:虎钳扳手、等高垫铁、油石、寻边器、杠杆表、磁力表座、卸刀座及扳手等。

⑤刀具:面铣刀 ϕ50 mm;立铣刀 ϕ10 mm, ϕ12 mm 等;键槽铣刀 ϕ8 mm, ϕ10 mm;钻头 ϕ11.8 mm;铰刀 ϕ12H7;中心钻;倒角铣刀。

⑥量具:内测千分尺、外径千分尺、深度千分尺、游标卡尺、φ12H7 光滑塞规等。

2.材料准备

毛坯:毛坯尺寸为 110 mm×110 mm×30 mm,毛坯材料为铝合金(2Al2)。

【任务实施】

合理选择刀具及切削参数,制订零件的加工工艺,填写表 5-4-1 的工序卡片。

表 5-4-1　数控加工工序卡片

零件图号		数控加工工序卡片	机床型号	
零件名称			机床编号	
零件材料			使用夹具	
工步描述								
工步编号	工步内容	刀具编号	刀具规格	主轴转速/(r·min⁻¹)	进给速度/(mm·min⁻¹)	背吃刀量/mm	刀具偏置
1							
2							
3							
4							
5							
6							
7							
8							

【任务考评】

零件加工质量检测标准(评分标准)见表 5-4-2。

表 5-4-2　中级工考试操作题四评分标准

总分		姓名		日期		加工时长		
项目	序号	技术要求	配分	评分标准	学生自测	老师检测	得分	
外轮廓	1	$\phi 80_{-0.03}^{0}$ mm	3	超差 0.01 扣 1 分				
	2	$70_{-0.03}^{0}$ mm	3	超差 0.01 扣 1 分				
	3	$3 \times 60_{-0.03}^{0}$ mm	3	超差 0.01 扣 1 分				
	4	$\phi 52_{-0.03}^{0}$ mm	3	超差 0.01 扣 1 分				
	5	$2 \times 45_{-0.03}^{0}$ mm	3	超差 0.01 扣 1 分				
深度	6	27 ± 0.018 mm	3	超差 0.01 扣 1 分				
	7	$5_{0}^{+0.022}$ mm	3	超差 0.01 扣 1 分				
	8	$11_{-0.022}^{0}$ mm	3	超差 0.01 扣 1 分				
	9	$8_{0}^{+0.022}$ mm	3	超差 0.01 扣 1 分				
	10	$5_{-0.022}^{0}$ mm	3	超差 0.01 扣 1 分				
内轮廓	11	$\phi 25_{0}^{+0.021}$ mm	3	超差 0.01 扣 1 分				
	12	$\phi 30_{0}^{+0.033}$ mm	3	超差 0.01 扣 1 分				
	13	$\phi 40_{-0.025}^{0}$ mm	3	超差 0.01 扣 1 分				
	14	$\phi 12H7$	5	超差不得分				
	15	$2 \times 14_{0}^{+0.025}$ mm	3	超差 0.01 扣 1 分				
	16	$10_{0}^{+0.025}$ mm	3	超差不得分				
圆弧	17	$2 \times R7$ mm	2	超差不得分				
	18	$2 \times R5$ mm	2	超差不得分				
	19	$R30$ mm	2	超差不得分				
	20	$R34.5$ mm	2	超差不得分				
倒角	21	$C1$	1	超差不得分				
	22	$C0.5$	1	超差不得分				
几何公差	23	同心度 $\phi 0.025$ mm	4	超差 0.01 扣 1 分				

续表

项目	序号	技术要求	配分	评分标准	学生自测	老师检测	得分
表面质量	24	表面粗糙度 $Ra1.6\ \mu m$	2	每处降一级扣1分			
	25	表面粗糙度 $Ra3.2\ \mu m$	2	每处降一级扣1分			
	26	锐角倒钝	2	未处理不得分			
编程	27	加工工序卡	5	不合理每处扣1分			
	28	程序正确、简单、规范	5	每错一处扣1分			
操作	29	机床操作规范	5	出错一次扣2分			
	30	工件、刀具装夹正确	5	出错一次扣1分			
安全文明	31	安全操作	5	安全事故停止操作			
	32	整理机床、维护保养	5	酌情扣分			
合　计			100				

任务五　中级工考试操作题五

【任务目标】

- 能正确选择和使用铣刀,合理确定切削用量参数;
- 巩固凸台、内轮廓加工工艺的制订;
- 巩固粗、精加工的走刀路线;
- 能熟练进行手工编程与加工;
- 能根据图样要求合理控制零件尺寸;
- 清扫卫生,维护机床,收工具。

【任务描述】

学校组织数控铣工技能等级考试,需要在 240 min 内完成如图 5-5-1 所示零件的加工。任务内容如下:

①合理制订零件的数控铣削加工工艺。

②独立完成零件加工程序编制及零件加工。

③按评分标准要求达到 60 分以上。

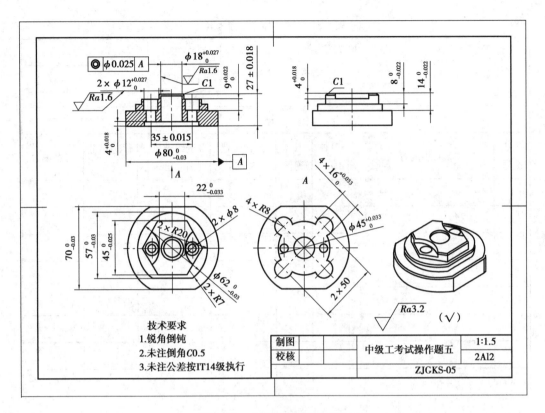

图 5-5-1 中级工考试操作题五

【任务准备】

1.场地、设备、夹具、工具、刀具及量具准备

①数控车间或实训室。

②数控加工中心,三菱 M80/M800 系统。

③夹具:机用虎钳。

④工具:虎钳扳手、等高垫铁、油石、寻边器、杠杆表、磁力表座、卸刀座及扳手等。

⑤刀具:面铣刀 ϕ50 mm;立铣刀 ϕ10 mm,ϕ12 mm 等;键槽铣刀 ϕ8 mm,ϕ10 mm;钻头 ϕ11.8 mm;铰刀 ϕ12H7;中心钻;倒角铣刀。

⑥量具:内测千分尺、外径千分尺、深度千分尺、游标卡尺、ϕ12H7 光滑塞规等。

2.材料准备

毛坯:毛坯尺寸为 110 mm×110 mm×30 mm,毛坯材料为铝合金(2Al2)。

【任务实施】

合理选择刀具及切削参数,制订零件的加工工艺,填写表 5-5-1 的工序卡片。

表 5-5-1 数控加工工序卡片

零件图号		数控加工工序卡片	机床型号	
零件名称			机床编号	
零件材料			使用夹具	
工步描述				

工步编号	工步内容	刀具编号	刀具规格	主轴转速/(r·min⁻¹)	进给速度/(mm·min⁻¹)	背吃刀量/mm	刀具偏置
1							
2							
3							
4							
5							
6							
7							
8							

【任务考评】

零件加工质量检测标准(评分标准)见表 5-5-2。

表 5-5-2 中级工考试操作题五评分标准

总分		姓名		日期		加工时长		
项目	序号	技术要求	配分	评分标准	学生自测	老师检测		得分
外轮廓	1	$\phi 80_{-0.03}^{0}$ mm	3	超差 0.01 扣 1 分				
	2	$70_{-0.03}^{0}$ mm	3	超差 0.01 扣 1 分				
	3	$57_{-0.03}^{0}$ mm	3	超差 0.01 扣 1 分				
	4	$\phi 62_{-0.03}^{0}$ mm	3	超差 0.01 扣 1 分				
	5	$45_{-0.025}^{0}$ mm	3	超差 0.01 扣 1 分				
	6	$22_{-0.033}^{0}$ mm	3	超差 0.01 扣 1 分				
	7	35 ± 0.015 mm	2	超差不得分				
	8	2×50 mm	3	每处不合格扣 1 分				

续表

项目	序号	技术要求	配分	评分标准	学生自测	老师检测	得分
深度	9	27 ± 0.018 mm	2	超差 0.01 扣 1 分			
	10	$8_{-0.022}^{0}$ mm	2	超差 0.01 扣 1 分			
	11	$14_{-0.022}^{0}$ mm	2	超差 0.01 扣 1 分			
	12	$4_{0}^{+0.018}$ mm（两处）	3	超差 0.01 扣 1 分			
	13	$9_{0}^{+0.022}$ mm	2	超差 0.01 扣 1 分			
内轮廓	14	$\phi18_{0}^{+0.027}$ mm	3	超差 0.01 扣 1 分			
	15	$2\times\phi12_{0}^{+0.027}$ mm	3	超差 0.01 扣 1 分			
	16	$\phi45_{0}^{+0.033}$ mm	3	超差 0.01 扣 1 分			
	17	$4\times16_{0}^{+0.033}$ mm	3	超差 0.01 扣 1 分			
	18	$2\times\phi8$ mm	3	超差不得分			
圆弧	19	$2\times R7$ mm	2	超差不得分			
	20	$2\times R20$ mm	2	超差不得分			
	21	$4\times R8$ mm	2	超差不得分			
倒角	22	$C1$	2	超差不得分			
	23	$C0.5$	2	超差不得分			
几何公差	24	同心度 $\phi0.025$ mm	4	超差 0.01 扣 1 分			
表面质量	25	表面粗糙度 $Ra1.6$ μm	3	每处降一级扣 1 分			
	26	表面粗糙度 $Ra3.2$ μm	3	每处降一级扣 1 分			
	27	锐角倒钝	2	未处理不得分			
编程	28	加工工序卡	5	不合理每处扣 1 分			
	29	程序正确、简单、规范	5	每错一处扣 1 分			
操作	30	机床操作规范	5	出错一次扣 2 分			
	31	工件、刀具装夹正确	5	出错一次扣 1 分			
安全文明	32	安全操作	5	安全事故停止操作			
	33	整理机床、维护保养	5	酌情扣分			
合　计			100				

任务六 中级工考试操作题六

【任务目标】

- 能正确选择和使用铣刀,合理确定切削用量参数;
- 巩固凸台、内轮廓加工工艺的制订;
- 巩固粗、精加工的走刀路线;
- 能熟练进行手工编程与加工;
- 能根据图样要求合理控制零件尺寸;
- 清扫卫生,维护机床,收工具。

【任务描述】

学校组织数控铣工技能等级考试,需要在 240 min 内完成如图 5-6-1 所示零件的加工。任务内容如下:

①合理制订零件的数控铣削加工工艺。

②独立完成零件加工程序编制及零件加工。

③按评分标准要求达到 60 分以上。

【任务准备】

1.场地、设备、夹具、工具、刀具及量具准备

①数控车间或实训室。

②数控加工中心,三菱 M80/M800 系统。

③夹具:机用虎钳。

④工具:虎钳扳手、等高垫铁、油石、寻边器、杠杆表、磁力表座、卸刀座及扳手等。

⑤刀具:面铣刀 $\phi50$ mm;立铣刀 $\phi10$ mm,$\phi12$ mm 等;键槽铣刀 $\phi8$ mm,$\phi10$ mm;钻头 $\phi11.8$ mm;铰刀 $\phi12H7$;中心钻;倒角铣刀。

⑥量具:内测千分尺、外径千分尺、深度千分尺、游标卡尺、$\phi12H7$ 光滑塞规等。

2.材料准备

毛坯:毛坯尺寸为 110 mm×110 mm×30 mm,毛坯材料为铝合金(2Al2)。

【任务实施】

合理选择刀具及切削参数,制订零件的加工工艺,填写表 5-6-1 的工序卡片。

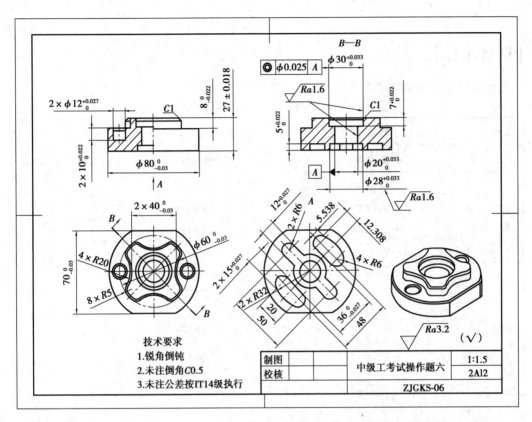

图 5-6-1　中级工考试操作题六

表 5-6-1　数控加工工序卡片

零件图号		机床型号	
零件名称	数控加工工序卡片	机床编号	
零件材料		使用夹具	

工步描述							
工步编号	工步内容	刀具编号	刀具规格	主轴转速/(r·min⁻¹)	进给速度/(mm·min⁻¹)	背吃刀量/mm	刀具偏置
1							
2							
3							
4							
5							
6							
7							
8							

【任务考评】

零件加工质量检测标准（评分标准）见表 5-6-2。

表 5-6-2　中级工考试操作题六评分标准

总分			姓名		日期		加工时长		
项目	序号	技术要求		配分	评分标准	学生自测	老师检测	得分	
外轮廓	1	$\phi 80_{-0.03}^{0}$ mm		3	超差 0.01 扣 1 分				
	2	$70_{-0.03}^{0}$ mm		3	超差 0.01 扣 1 分				
	3	$\phi 60_{-0.03}^{0}$ mm		3	超差 0.01 扣 1 分				
	4	$2\times 40_{-0.03}^{0}$ mm		3	超差 0.01 扣 1 分				
深度	5	27 ± 0.018 mm		3	超差 0.01 扣 1 分				
	6	$8_{-0.022}^{0}$ mm		3	超差 0.01 扣 1 分				
	7	$2\times 10_{0}^{+0.022}$ mm		3	超差 0.01 扣 1 分				
	8	$7_{0}^{+0.022}$ mm		3	超差 0.01 扣 1 分				
	9	$5_{0}^{+0.022}$ mm		3	超差 0.01 扣 1 分				
内轮廓	10	$\phi 30_{0}^{+0.033}$ mm		3	超差 0.01 扣 1 分				
	11	$\phi 20_{0}^{+0.033}$ mm		3	超差 0.01 扣 1 分				
	12	$\phi 28_{0}^{+0.033}$ mm		3	超差 0.01 扣 1 分				
	13	$2\times \phi 12_{0}^{+0.027}$ mm		3	超差 0.01 扣 1 分				
	14	$2\times 15_{0}^{+0.027}$ mm		3	超差 0.01 扣 1 分				
	15	$12_{0}^{+0.027}$ mm		3	超差 0.01 扣 1 分				
	16	$36_{-0.027}^{0}$ mm		3	超差 0.01 扣 1 分				
圆弧	17	$4\times R20$ mm		2	超差不得分				
	18	$4\times R6$ mm		2	超差不得分				
	19	$8\times R5$ mm		2	超差不得分				
	20	$2\times R32$ mm		2	超差不得分				
	21	$2\times R6$ mm		2	超差不得分				
倒角	22	$C1$		1	超差不得分				
	23	$C0.5$		1	超差不得分				

续表

项目	序号	技术要求	配分	评分标准	学生自测	老师检测	得分
几何 公差	24	同心度 $\phi 0.025$ mm	4	超差 0.01 扣 1 分			
表面 质量	25	表面粗糙度 $Ra1.6$ μm	2	每处降一级扣 1 分			
	26	表面粗糙度 $Ra3.2$ μm	2	每处降一级扣 1 分			
	27	锐角倒钝	2	未处理不得分			
编程	28	加工工序卡	5	不合理每处扣 1 分			
	29	程序正确、简单、规范	5	每错一处扣 1 分			
操作	30	机床操作规范	5	出错一次扣 2 分			
	31	工件、刀具装夹正确	5	出错一次扣 1 分			
安全 文明	32	安全操作	5	安全事故停止操作			
	33	整理机床、维护保养	5	酌情扣分			
合　计			100				

项目六　高级工考试操作题

任务一　高级工考试操作题一

【任务目标】

- 巩固刀具的应用,熟练掌握刀具的类型及材料;
- 能准确、合理地设定切削用量参数;
- 巩固外轮廓加工工艺的制订;
- 能熟练掌握粗、精加工的走刀路线;
- 能熟练进行手工或自动编程与加工;
- 清扫卫生,维护机床,收工具。

【任务描述】

学校组织数控铣或加工中心技能等级考试,需要在 240 min 内完成如图 6-1-1 所示零件的加工。任务内容如下:

①合理制订零件的数控铣削加工工艺。

②独立完成零件加工程序编制及零件加工。

③按评分标准要求达到 60 分以上。

【任务准备】

1.场地、设备、夹具、工具、刀具及量具准备

①数控车间或实训室。

②数控铣床或加工中心,三菱 M80/M800 系统。

③夹具:机用虎钳。

④工具:虎钳扳手、等高垫铁、油石、寻边器、杠杆表、磁力表座、卸刀座及扳手等。

⑤刀具:立铣刀 $\phi16$ mm, $\phi12$ mm, $\phi8$ mm;球刀 $\phi6$ mm;钻头 $\phi9.7$ mm;铰刀 $\phi10H7$;

中心钻;倒角铣刀。

　　⑥量具:内测千分尺、外径千分尺、深度千分尺、游标卡尺、ϕ10H7 光滑塞规等。

2.材料准备

　　毛坯:毛坯尺寸为 125 mm×105 mm×35 mm,毛坯材料为 45 钢或 Q235 钢。

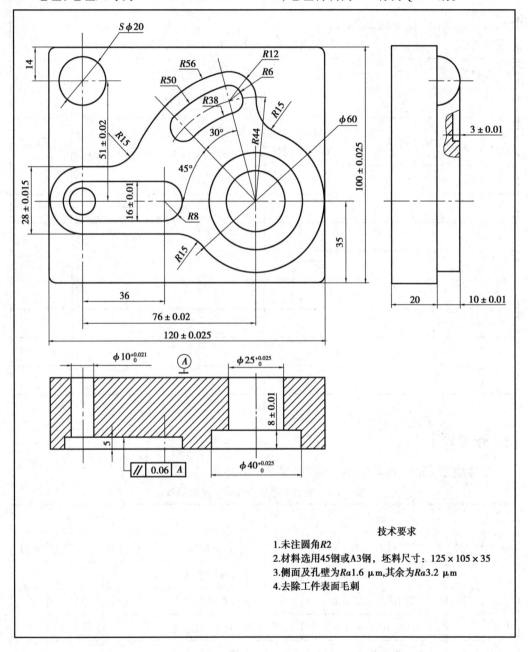

图 6-1-1　高级工考试操作题一

【任务实施】

合理选择刀具及切削参数,制订零件的加工工艺,填写表 6-1-1 的工序卡片。

表 6-1-1　数控加工工序卡片

零件图号		数控加工工序卡片	机床型号	
零件名称			机床编号	
零件材料			使用夹具	
工步描述								

工步编号	工步内容	刀具编号	刀具规格	主轴转速/(r·min⁻¹)	进给速度/(mm·min⁻¹)	背吃刀量/mm	刀具偏置
1							
2							
3							
4							
5							
6							
7							
8							

【任务考评】

零件加工质量检测标准(评分标准)见表 6-1-2。

表 6-1-2　高级工考试操作题一评分标准

总分			姓名		日期		加工时长	
项目	序号	技术要求		配分	评分标准	学生自测	老师检测	得分
底部方台	1	长 120±0.025 mm		3	超差 0.01 扣 1 分			
	2	宽 100±0.025 mm		3	超差 0.01 扣 1 分			
	3	厚度 10±0.01 mm		2	超差 0.01 扣 1 分			
	4	圆角 R2 mm		2	每错一处扣 1 分			

项目	序号	技术要求	配分	评分标准	学生自测	老师检测	得分
齿轮架外形	5	28 ± 0.015 mm	3	超差 0.01 扣 1 分			
	6	$R15$ mm	2	每错一处扣 1 分			
	7	$R56$ mm	2	超差 0.01 扣 1 分			
	8	$\phi60$ mm	2	超差 0.01 扣 1 分			
	9	厚度 10 ± 0.01 mm	3	超差 0.01 扣 1 分			
直槽	10	孔 $\phi10^{+0.021}_{0}$ mm	3	超差 0.01 扣 1 分			
	11	槽宽 16 ± 0.01 mm	3	超差 0.01 扣 1 分			
	12	槽深 5 mm	3	超差 0.01 扣 1 分			
	13	$R8$ mm	2	每错一处扣 1 分			
	14	中心线距离 36 mm	3	超差 0.01 扣 1 分			
	15	平行度 0.06 mm	3	超差 0.01 扣 1 分			
弯槽	16	$R6$ mm	2	每错一处扣 1 分			
	17	$30°$	2	超差不得分			
	18	$45°$	2	超差不得分			
	19	$R38$ mm	2	超差不得分			
	20	$R50$ mm	2	超差不得分			
	21	槽深 3 ± 0.01 mm	3	超差不得分			
圆孔	22	$\phi40^{+0.025}_{0}$ mm	2	超差 0.01 扣 1 分			
	23	$\phi25^{+0.025}_{0}$ mm	2	超差 0.01 扣 1 分			
	24	沉孔深度 8 ± 0.01 mm	2	超差 0.01 扣 1 分			
	25	中心距 76 ± 0.02 mm	3	超差 0.01 扣 1 分			
	26	中心与边距 35 mm	3	超差 0.01 扣 1 分			
半球面	27	球面 $S\phi20$ mm	2	超差不得分			
	28	中心线距离 51 ± 0.02 mm	2	超差 0.01 扣 1 分			
	29	与顶面距离 14 mm	2	超差 0.01 扣 1 分			
倒角	30	$R2$	2	超差不得分			

续表

项目	序号	技术要求	配分	评分标准	学生自测	老师检测	得分
表面质量	31	表面粗糙度 $Ra1.6\ \mu m$	2	每处降一级扣1分			
	32	表面粗糙度 $Ra3.2\ \mu m$	2	未处理不得分			
编程	33	加工工序卡	3	不合理每处扣1分			
	34	程序正确、简单、规范	3	每错一处扣1分			
操作	35	机床操作规范	3	出错一次扣1分			
	36	工件、刀具装夹正确	5	出错一次扣1分			
安全文明	37	安全操作	5	安全事故停止操作			
	38	整理机床、维护保养	5	酌情扣分			
合　计			100				

任务二　高级工考试操作题二

【任务目标】

- 巩固刀具的应用,熟练掌握刀具的类型及材料;
- 能准确、合理地设定切削用量参数;
- 巩固外轮廓、沟槽加工工艺的制订;
- 能熟练掌握粗、精加工的走刀路线;
- 能熟练进行手工或自动编程与加工;
- 清扫卫生,维护机床,收工具。

【任务描述】

学校组织数控铣床或加工中心技能等级考试,需要在 240 min 内完成如图 6-2-1 所示零件的加工。任务内容如下:

①合理制订零件的数控铣削加工工艺。

②独立完成零件加工程序编制及零件加工。

③按评分标准要求达到 60 分以上。

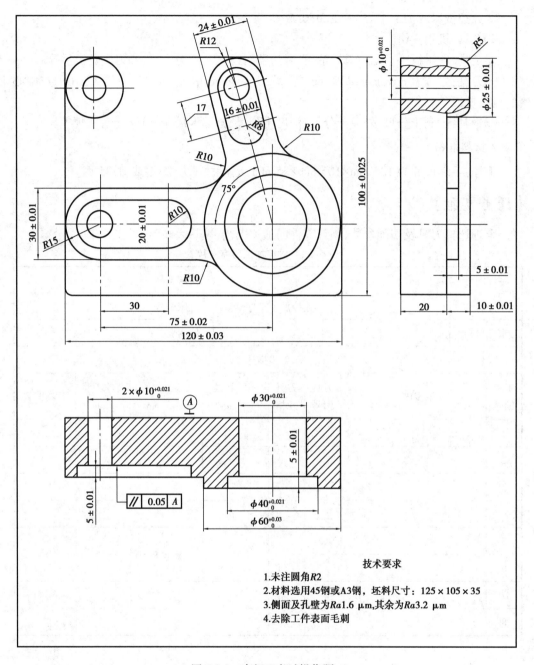

图 6-2-1 高级工考试操作题二

【任务准备】

1.场地、设备、夹具、工具、刀具及量具准备

①数控车间或实训室。

②数控铣床或加工中心,三菱 M80/M800 系统。

③夹具:机用虎钳。

④工具:虎钳扳手、等高垫铁、油石、寻边器、杠杆表、磁力表座、卸刀座及扳手等。

⑤刀具:立铣刀 $\phi16$ mm,$\phi12$ mm 等;球刀 $\phi6$ mm;钻头 $\phi9.7$ mm;铰刀 $\phi10H7$;中心钻;倒角铣刀。

⑥量具:内测千分尺、外径千分尺、深度千分尺、游标卡尺、$\phi10H7$ 光滑塞规等。

2.材料准备

毛坯:毛坯尺寸为 125 mm×105 mm×35 mm,毛坯材料为 45 钢或 Q235 钢。

【任务实施】

合理选择刀具及切削参数,制订零件的加工工艺,填写表 6-2-1 的工序卡片。

表 6-2-1 数控加工工序卡片

零件图号		数控加工工序卡片	机床型号	
零件名称			机床编号	
零件材料			使用夹具	
工步描述							
工步编号	工步内容	刀具编号	刀具规格	主轴转速 /(r·min⁻¹)	进给速度 /(mm·min⁻¹)	背吃刀量 /mm	刀具偏置
1							
2							
3							
4							
5							
6							
7							
8							

【任务考评】

零件加工质量检测标准(评分标准)见表 6-2-2。

表 6-2-2 高级工考试操作题二评分标准

总分			姓名		日期			加工时长		
项目	序号	技术要求		配分	评分标准		学生自测	老师检测	得分	
底部方台	1	长 120±0.03 mm		2	超差 0.01 扣 1 分					
	2	宽 100±0.025 mm		2	超差 0.01 扣 1 分					
底部方台	3	厚度 10±0.01 mm		2	超差 0.01 扣 1 分					
	4	圆角 R2 mm		2	每错一处扣 1 分					
V形架外形	5	水平台架宽 30±0.01 mm		3	超差 0.01 扣 1 分					
	6	R15 mm		2	超差不得分					
	7	斜台架宽 24±0.01 mm		3	超差 0.01 扣 1 分					
	8	R12 mm		2	超差不得分					
	9	连接圆弧 R10 mm		2	每错一处扣 1 分					
	10	$\phi 60^{+0.03}_{0}$ mm		3	超差 0.01 扣 1 分					
	11	圆台厚度 10±0.01 mm		2	超差 0.01 扣 1 分					
	12	架厚度 5±0.01 mm		2	超差 0.01 扣 1 分					
	13	倾斜角度 75°		2	超差 0.01 扣 1 分					
水平方向槽	14	槽宽 20±0.01 mm		2	超差 0.01 扣 1 分					
	15	孔 $2 \times \phi 10^{+0.021}_{0}$ mm		3	超差 0.01 扣 1 分					
	16	中心距 30 mm		2	超差 0.01 扣 1 分					
	17	R10 mm		2	每错一处扣 1 分					
	18	槽深 5±0.01 mm		2	超差 0.01 扣 1 分					
	19	中心线距离 75±0.02 mm		2	超差 0.01 扣 1 分					
	20	平行度 0.05 mm		2	超差 0.01 扣 1 分					
倾斜方向槽	21	槽宽 16±0.01 mm		2	超差 0.01 扣 1 分					
	22	孔 $\phi 10^{+0.021}_{0}$ mm		3	超差不得分					
	23	两中心距 17 mm		1	超差 0.01 扣 1 分					
	24	槽深 5±0.01 mm		2	超差 0.01 扣 1 分					
圆孔	25	$\phi 40^{+0.021}_{0}$ mm		3	超差 0.01 扣 1 分					
	26	$\phi 30^{+0.021}_{0}$ mm		3	超差 0.01 扣 1 分					
	27	沉孔深度 $5^{+0.011}_{0}$ mm		2	超差 0.01 扣 1 分					

续表

项目	序号	技术要求	配分	评分标准	学生自测	老师检测	得分
小圆台	28	$\phi25\pm0.01$ mm	2	超差不得分			
	29	孔 $\phi10_{0}^{+0.021}$ mm	3	超差 0.01 扣 1 分			
	30	$R5$ mm	2	超差不得分			
	31	圆台高度 10 ± 0.01 mm	2	超差 0.01 扣 1 分			
倒角	32	$R2$	2	超差不得分			
表面质量	33	表面粗糙度 $Ra1.6$ μm	2	每处降一级扣 1 分			
	34	表面粗糙度 $Ra3.2$ μm	2	每处降一级扣 1 分			
编程	35	加工工序卡	3	不合理每处扣 1 分			
	36	程序正确、简单、规范	3	每错一处扣 1 分			
操作	37	机床操作规范	3	出错一次扣 1 分			
	38	工件、刀具装夹正确	5	出错一次扣 1 分			
安全文明	39	安全操作	5	安全事故停止操作			
	40	整理机床、维护保养	5	酌情扣分			
合　计			100				

任务三　高级工考试操作题三

【任务目标】

- 巩固刀具的应用,熟练掌握刀具的类型及材料;
- 能准确、合理地设定切削用量参数;
- 巩固曲面加工工艺的制订;
- 能熟练掌握粗、精加工的走刀路线;
- 能熟练进行手工或自动编程与加工;
- 能熟练掌握两面加工的工艺方法;
- 清扫卫生,维护机床,收工具。

【任务描述】

学校组织数控铣床或加工中心技能等级考试,需要在 240 min 内完成如图 6-3-1 所示零件的加工。任务内容如下:

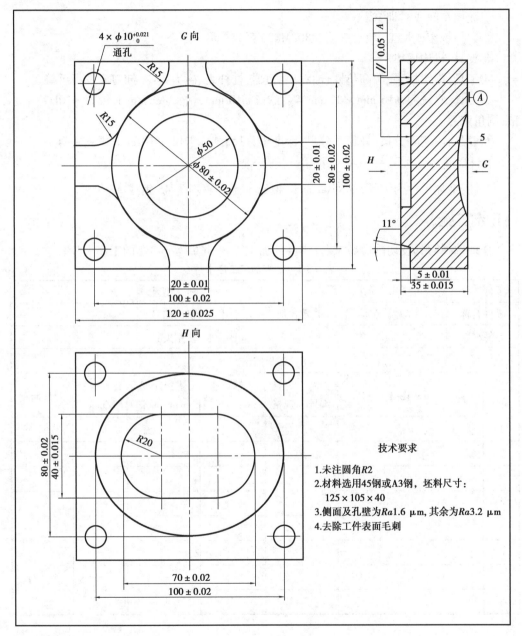

图 6-3-1　高级工考试操作题三

①合理制订零件的数控铣削加工工艺。

②独立完成零件加工程序编制及零件加工。

③按评分标准要求达到 60 分以上。

【任务准备】

1.场地、设备、夹具、工具、刀具及量具准备

①数控车间或实训室。

②数控铣床或加工中心,三菱 M80/M800 系统。

③夹具:机用虎钳。

④工具:虎钳扳手、等高垫铁、油石、寻边器、杠杆表、磁力表座、卸刀座及扳手等。

⑤刀具:立铣刀 $\phi16$ mm, $\phi12$ mm 等;球刀 $\phi10$ mm;钻头 $\phi9.7$ mm;铰刀 $\phi10H7$;中心钻;倒角铣刀。

⑥量具:内测千分尺、外径千分尺、深度千分尺、游标卡尺、 $\phi10H7$ 光滑塞规等。

2.材料准备

毛坯:毛坯尺寸为 125 mm×105 mm×40 mm,毛坯材料为 45 钢或 A3 钢。

【任务实施】

合理选择刀具及切削参数,制订零件的加工工艺,填写表 6-3-1 的工序卡片。

表 6-3-1　数控加工工序卡片

零件图号		数控加工工序卡片	机床型号	
零件名称			机床编号	
零件材料			使用夹具	
工步描述							
工步编号	工步内容	刀具编号	刀具规格	主轴转速 /(r・min⁻¹)	进给速度 /(mm・min⁻¹)	背吃刀量 /mm	刀具偏置
1							
2							
3							
4							
5							
6							
7							
8							

【任务考评】

零件加工质量检测标准(评分标准)见表 6-3-2。

表 6-3-2　高级工考试操作题三评分标准

总分		姓名		日期		加工时长		
项目	序号	技术要求	配分	评分标准	学生自测	老师检测	得分	
总体方台	1	长 120±0.025 mm	4	超差 0.01 扣 1 分				
	2	宽 100±0.02 mm	4	超差 0.01 扣 1 分				
	3	厚度 20±0.01 mm	4	超差 0.01 扣 1 分				
	4	中心距 100±0.02 mm	3	超差 0.01 扣 1 分				
	5	中心距 80±0.02 mm	3	超差 0.01 扣 1 分				
	6	$4 \times \phi 10^{+0.021}_{0}$ mm	4	每错一处扣 1 分				
	7	圆角 $R2$ mm	2	每错一处扣 1 分				
G 面	8	$\phi 50$ mm	3	超差 0.01 扣 1 分				
	9	球面深度 5 mm	2	超差不得分				
	10	槽宽 20±0.01 mm	4	超差 0.01 扣 1 分				
	11	$\phi 80±0.02$ mm	3	超差 0.01 扣 1 分				
	12	$R15$ mm	3	每错一处扣 1 分				
	13	厚度 5±0.01 mm	3	超差 0.01 扣 1 分				
H 面	14	椭圆长 100±0.02 mm	3	超差 0.01 扣 1 分				
	15	椭圆宽 80±0.02 mm	3	超差 0.01 扣 1 分				
	16	槽长 70±0.02 mm	3	超差 0.01 扣 1 分				
	17	槽宽 40±0.015 mm	3	超差 0.01 扣 1 分				
	18	槽深 5±0.01 mm	3	超差 0.01 扣 1 分				
	19	$R20$ mm	2	超差不得分				
	20	斜度 11°	2	超差不得分				
	21	平行度 0.05 mm	3	超差 0.01 扣 1 分				
倒角	22	$R2$	2	超差不得分				
表面质量	23	表面粗糙度 $Ra1.6$ μm	2	每处降一级扣 1 分				
	24	表面粗糙度 $Ra3.2$ μm	2	每处降一级扣 1 分				

数控 **加工中心** SHUKONG JIAGONG ZHONGXIN

续表

项目	序号	技术要求	配分	评分标准	学生自测	老师检测	得分
编程	25	加工工序卡	3	不合理每处扣1分			
	26	程序正确、简单、规范	3	每错一处扣1分			
操作	27	机床操作规范	3	出错一次扣1分			
	28	工件、刀具装夹正确	5	出错一次扣1分			
安全文明	29	安全操作	5	安全事故停止操作			
	30	整理机床、维护保养	5	酌情扣分			
合　计			100				

任务四　高级工考试操作题四

【任务目标】

- 巩固刀具的应用,熟练掌握刀具的类型及材料;
- 能熟练、准确、合理地设定切削用量参数;
- 巩固加工工艺的制订,熟练地掌握加工工艺步骤;
- 能熟练掌握粗、精加工的走刀路线;
- 能熟练进行手工或自动编程与加工;
- 能根据图样要求合理控制零件尺寸;
- 清扫卫生,维护机床,收工具。

【任务描述】

学校组织数控铣床或加工中心技能等级考试,需要在 240 min 内完成如图 6-4-1 所示零件的加工。任务内容如下:

①合理制订零件的数控铣削加工工艺。

②独立完成零件加工程序编制及零件加工。

③按评分标准要求达到 60 分以上。

【任务准备】

1.场地、设备、夹具、工具、刀具及量具准备

①数控车间或实训室。

208

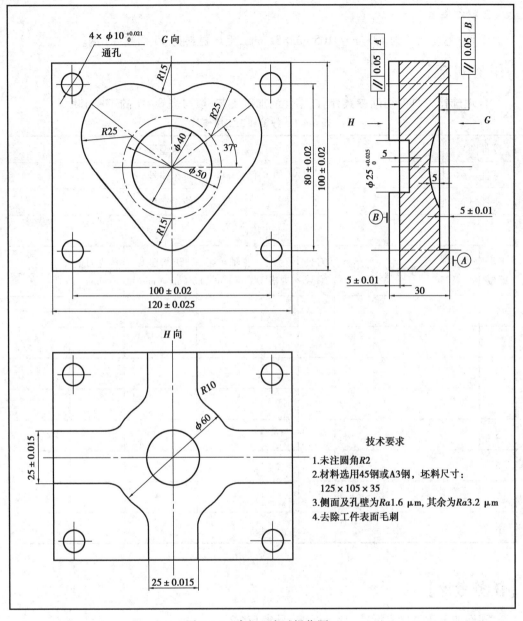

图 6-4-1　高级工考试操作题四

②数控铣床或加工中心,三菱 M80/M800 系统。

③夹具:机用虎钳。

④工具:虎钳扳手、等高垫铁、油石、寻边器、杠杆表、磁力表座、卸刀座及扳手等。

⑤刀具:立铣刀 $\phi16$ mm, $\phi12$ mm, $\phi8$ mm 等;球刀 $\phi10$ mm;钻头 $\phi9.7$ mm;铰刀 $\phi10H7$;中心钻;倒角铣刀。

⑥量具:内测千分尺、外径千分尺、深度千分尺、游标卡尺、$\phi10H7$ 光滑塞规等。

2.材料准备

毛坯:毛坯尺寸为 125 mm×105 mm×35 mm,毛坯材料为 45 钢或 A3 钢。

【任务实施】

合理选择刀具及切削参数,制订零件的加工工艺,填写表 6-4-1 的工序卡片。

表 6-4-1　数控加工工序卡片

零件图号		数控加工工序卡片	机床型号	
零件名称			机床编号	
零件材料			使用夹具	
工步描述							
工步编号	工步内容	刀具编号	刀具规格	主轴转速/(r·min⁻¹)	进给速度/(mm·min⁻¹)	背吃刀量/mm	刀具偏置
---	---	---	---	---	---	---	---
1							
2							
3							
4							
5							
6							
7							
8							

【任务考评】

零件加工质量检测标准(评分标准)见表 6-4-2。

表 6-4-2 高级工考试操作题四评分标准

总分		姓名		日期		加工时长		
项目	序号	技术要求	配分	评分标准	学生自测	老师检测	得分	
总体方台	1	长 120±0.025 mm	3	超差 0.01 扣 1 分				
	2	宽 100±0.02 mm	3	超差 0.01 扣 1 分				
	3	厚度 30 mm	3	超差 0.01 扣 1 分				
	4	中心距 100±0.02 mm	3	超差 0.01 扣 1 分				
	5	中心距 80±0.02 mm	3	超差 0.01 扣 1 分				
	6	$4×\phi10^{+0.021}_{0}$ mm	4	每错一处扣 1 分				
	7	圆角 $R2$ mm	2	每错一处扣 1 分				
G 面	8	球面外形直径 $\phi40$ mm	3	超差 0.01 扣 1 分				
	9	球面深度 5 mm	2	超差不得分				
	10	$R25$ mm	3	超差 0.01 扣 1 分				
	11	深度 5±0.01 mm	3	超差 0.01 扣 1 分				
	12	$R15$ mm	3	每错一处扣 1 分				
	13	直线、圆弧平滑连接	3	超差不得分				
	14	中心线夹角 37°	3	超差不得分				
	15	平行度 0.05 mm	3	超差 0.01 扣 1 分				
H 面	16	圆台 $\phi25^{+0.025}_{0}$ mm	3	超差 0.01 扣 1 分				
	17	斜度 37°	3	超差不得分				
	18	槽直径 $\phi60$ mm	3	超差 0.01 扣 1 分				
	19	直槽宽 25±0.015 mm	4	超差 0.01 扣 1 分				
	20	槽深 5 mm	3	超差 0.01 扣 1 分				
	21	$R10$ mm	3	超差不得分				
	22	平行度 0.05 mm	3	超差 0.01 扣 1 分				
倒角	23	$R2$	2	超差不得分				

续表

项目	序号	技术要求	配分	评分标准	学生自测	老师检测	得分
表面质量	24	孔壁及侧面表面粗糙度 $Ra1.6~\mu m$	2	每处降一级扣1分			
	25	表面粗糙度 $Ra3.2~\mu m$	2	每处降一级扣1分			
编程	26	加工工序卡	3	不合理每处扣1分			
	27	程序正确、简单、规范	3	每错一处扣1分			
操作	28	机床操作规范	3	出错一次扣1分			
	29	工件、刀具装夹正确	5	出错一次扣1分			
安全文明	30	安全操作	5	安全事故停止操作			
	31	整理机床、维护保养	5	酌情扣分			
合　计			100				

任务五　高级工考试操作题五

【任务目标】

- 巩固刀具的应用,熟练掌握刀具的类型及材料;
- 能熟练、准确、合理地设定切削用量参数;
- 巩固斜面加工工艺的制订;
- 能熟练掌握粗、精加工的走刀路线;
- 能熟练进行手工或自动编程与加工;
- 清扫卫生,维护机床,收工具。

【任务描述】

学校组织数控铣床或加工中心技能等级考试,需要在 240 min 内完成如图 6-5-1 所示零件的加工。任务内容如下:

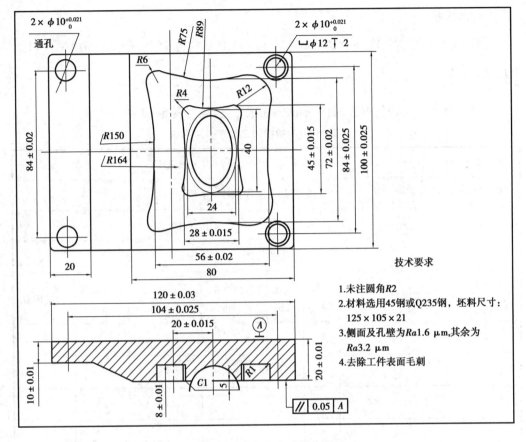

图 6-5-1　高级工考试操作题五

①合理制订零件的数控铣削加工工艺。

②独立完成零件加工程序编制及零件加工。

③按评分标准要求达到 60 分以上。

【任务准备】

1.场地、设备、夹具、工具、刀具及量具准备

①数控车间或实训室。

②数控铣床或加工中心,三菱 M80/M800 系统。

③夹具:机用虎钳。

④工具:虎钳扳手、等高垫铁、油石、寻边器、杠杆表、磁力表座、卸刀座及扳手等。

⑤刀具:立铣刀 $\phi16$ mm, $\phi12$ mm 等;球刀 $\phi6$ mm;钻头 $\phi9.7$ mm;铰刀 $\phi10H7$;中心钻;倒角铣刀。

⑥量具:内测千分尺、外径千分尺、深度千分尺、游标卡尺、$\phi10H7$ 光滑塞规等。

2.材料准备

毛坯:毛坯尺寸为 125 mm×105 mm×21 mm,毛坯材料为 45 钢或 Q235 钢。

【任务实施】

合理选择刀具及切削参数,制订零件的加工工艺,填写表 6-5-1 的工序卡片。

表 6-5-1　数控加工工序卡片

零件图号		数控加工工序卡片	机床型号	
零件名称			机床编号	
零件材料			使用夹具	
工步描述								
工步编号	工步内容	刀具编号	刀具规格	主轴转速 /(r·min⁻¹)	进给速度 /(mm·min⁻¹)	背吃刀量 /mm	刀具偏置
1							
2							
3							
4							
5							
6							
7							
8							

【任务考评】

零件加工质量检测标准(评分标准)见表 6-5-2。

表 6-5-2　高级工考试操作题五评分标准

总分		姓名		日期			加工时长		
项目	序号	技术要求	配分	评分标准		学生自测	老师检测	得分	
总体方台	1	长 120±0.03 mm	2	超差 0.01 扣 1 分					
	2	宽 100±0.025 mm	2	超差 0.01 扣 1 分					
	3	厚度 20±0.01 mm	2	超差 0.01 扣 1 分					
	4	底板高 10±0.01 mm	2	超差 0.01 扣 1 分					
	5	$R2$ mm	3	每错一处扣 1 分					
	6	圆孔 $4×\phi10^{+0.021}_{0}$ mm	4	每错一处扣 1.5 分					
	7	$2×\phi12$ mm 深 2 mm	4	每错一处扣 1 分					
	8	底板长 20 mm	2	超差 0.01 扣 1 分					
	9	台体长 80 mm	2	超差 0.01 扣 1 分					
	10	斜面	2	超差不得分					
	11	中心距 104±0.025 mm	2	超差 0.01 扣 1 分					
	12	中心距 84±0.025 mm	2	超差 0.01 扣 1 分					
	13	平行度 0.05 mm	2	每错一处扣 1 分					
圆弧凹槽	14	槽深 8±0.01 mm	2	超差 0.01 扣 1 分					
	15	$R1$ mm	2	超差不得分					
	16	$R150$ mm	2	超差不得分					
	17	$R75$ mm	2	超差不得分					
	18	$R6$ mm	2	超差不得分					
	19	$R12$ mm	2	超差不得分					
	20	中心处槽宽 56±0.02 mm	2	超差不得分					
	21	中心处槽长 72±0.02 mm	2	超差 0.01 扣 1 分					

续表

项目	序号	技术要求	配分	评分标准	学生自测	老师检测	得分
圆弧凸台	22	$R164$ mm	2	超差不得分			
	23	$R89$ mm	2	超差不得分			
	24	$R4$ mm	2	超差不得分			
	25	中心处台宽 28 ± 0.015 mm	3	超差 0.01 扣 1 分			
	26	中心处台长 56 ± 0.02 mm	3	超差 0.01 扣 1 分			
	27	中心距 20 ± 0.02 mm	3	超差不得分			
	28	椭圆母线长 40 mm	2	超差 0.01 扣 1 分			
	29	椭圆母线宽 24 mm	2	超差 0.01 扣 1 分			
	30	椭圆母线高度 5 mm	2	超差 0.01 扣 1 分			
倒角	31	$R2$	2	超差不得分			
	32	$C1$	2	超差不得分			
表面质量	33	孔壁及侧面表面粗糙度 $Ra1.6$ μm	2	每处降一级扣 1 分			
	34	表面粗糙度 $Ra3.2$ μm	2	每处降一级扣 1 分			
编程	35	加工工序卡	3	不合理每处扣 1 分			
	36	程序正确、简单、规范	3	每错一处扣 1 分			
操作	37	机床操作规范	3	出错一次扣 1 分			
	38	工件、刀具装夹正确	5	出错一次扣 1 分			
安全文明	39	安全操作	5	安全事故停止操作			
	40	整理机床、维护保养	5	酌情扣分			
合　计			100				

任务六　高级工考试操作题六

【任务目标】

- 巩固刀具的应用,熟练掌握刀具的类型及材料;
- 能熟练、准确、合理地设定切削用量参数;

- 巩固孔、曲面加工工艺的制订；
- 能熟练掌握粗、精加工的走刀路线；
- 能熟练进行手工或自动编程与加工；
- 能根据图样要求合理控制零件尺寸；
- 清扫卫生,维护机床,收工具。

【任务描述】

学校组织数控铣床或加工中心技能等级考试,需要在 240 min 内完成如图 6-6-1 所示零件的加工。任务内容如下：

①合理制订零件的数控铣削加工工艺。

②独立完成零件加工程序编制及零件加工。

③按评分标准要求达到 60 分以上。

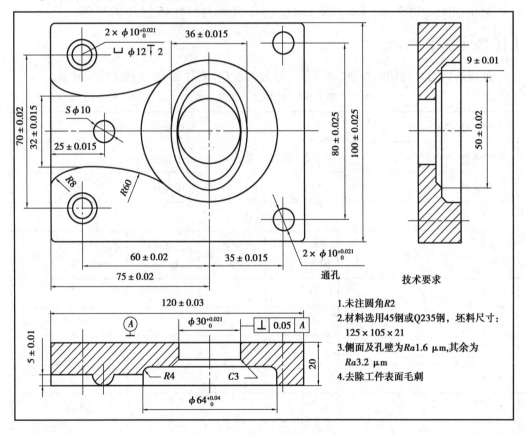

图 6-6-1 高级工考试操作题六

【任务准备】

1.场地、设备、夹具、工具、刀具及量具准备

①数控车间或实训室。

②数控铣床或加工中心,三菱 M80/M800 系统。

③夹具:机用虎钳。

④工具:虎钳扳手、等高垫铁、油石、寻边器、杠杆表、磁力表座、卸刀座及扳手等。

⑤刀具:立铣刀 $\phi16$ mm,$\phi12$ mm,$\phi8$ mm 等;球刀 $\phi8$ mm;钻头 $\phi9.7$ mm;铰刀 $\phi10$H7;中心钻;倒角铣刀。

⑥量具:内测千分尺、外径千分尺、深度千分尺、游标卡尺、$\phi10$H7 光滑塞规等。

2.材料准备

毛坯:毛坯尺寸为 125 mm×105 mm×21 mm,毛坯材料为 45 钢或 Q235 钢。

【任务实施】

合理选择刀具及切削参数,制订零件的加工工艺,填写表 6-6-1 的工序卡片。

表 6-6-1　数控加工工序卡片

零件图号		数控加工工序卡片	机床型号	
零件名称			机床编号	
零件材料			使用夹具	
工步描述						
工步编号	工步内容	刀具编号	刀具规格	主轴转速/(r·min⁻¹)	进给速度/(mm·min⁻¹)	背吃刀量/mm	刀具偏置
1							
2							
3							
4							
5							
6							
7							
8							

【任务考评】

零件加工质量检测标准(评分标准)见表 6-6-2。

表 6-6-2　高级工考试操作题六评分标准

总分			姓名		日期		加工时长		
项目	序号	技术要求		配分	评分标准	学生自测	老师检测	得分	
总体方台	1	长 120±0.03 mm		4	超差 0.01 扣 1 分				
	2	宽 100±0.025 mm		4	超差 0.01 扣 1 分				
	3	厚度 20 mm		4	超差 0.01 扣 1 分				
	4	$R2$ mm		3	每错一处扣 1 分				
	5	圆孔 $2 \times \phi 10^{+0.021}_{0}$ mm		6	每错一处扣 1.5 分				
	6	$2 \times \phi 12$ mm 深 2 mm		4	超差不得分				
	7	中心距 70±0.02 mm		2	超差 0.01 扣 1 分				
	8	中心距 80±0.025 mm		2	超差 0.01 扣 1 分				
	9	中心距 50±0.02 mm		2	超差 0.01 扣 1 分				
	10	中心距 32±0.015 mm		2	超差 0.01 扣 1 分				
	11	垂直度 0.05 mm		3	超差不得分				
喇叭形槽	12	槽深 5±0.01 mm		3	超差 0.01 扣 1 分				
	13	$R8$ mm		3	超差不得分				
	14	$R60$ mm		3	超差不得分				
	15	$\phi 64^{+0.004}_{0}$ mm		4	超差不得分				
	16	槽深 $9^{+0.004}_{0}$ mm		2	超差 0.01 扣 1 分				
	17	半圆球 $S\phi 10$ mm		2	超差不得分				
	18	中心距 25±0.015 mm		2	超差不得分				
椭圆漏斗	19	内孔 $\phi 30^{+0.021}_{0}$ mm		4	超差不得分				
	20	中心距 75±0.02 mm		3	超差 0.01 扣 1 分				
	21	椭圆长 50±0.02 mm		3	超差 0.01 扣 1 分				
	22	椭圆宽 36±0.015 mm		3	超差 0.01 扣 1 分				

续表

项目	序号	技术要求	配分	评分标准	学生自测	老师检测	得分
倒角	23	$R2$	2	超差不得分			
	24	$C3$	2	超差不得分			
表面质量	25	孔壁及侧面表面粗糙度 $Ra1.6\ \mu m$	2	每处降一级扣1分			
	26	表面粗糙度 $Ra3.2\ \mu m$	2	每处降一级扣1分			
编程	27	加工工序卡	3	不合理每处扣1分			
	28	程序正确、简单、规范	3	每错一处扣1分			
操作	29	机床操作规范	3	出错一次扣1分			
	30	工件、刀具装夹正确	5	出错一次扣1分			
安全文明	31	安全操作	5	安全事故停止操作			
	32	整理机床、维护保养	5	酌情扣分			
合　计			100				

参考文献

[1] 吴光明. 数控铣床/加工中心操作工技能鉴定［M］. 北京:机械工业出版社,2010.

[2] 张明建. 数控加工工艺规划［M］. 北京:清华大学出版社,2009.

[3] 申世起. 数控加工操作实训［M］. 北京:中央广播电视大学出版社,2011.

[4] 徐宏海. 数控加工工艺［M］. 北京:中央广播电视大学出版社,2008.

[5] 于万成. 数控铣削(加工中心)加工技术与综合实训:FANUC 系统［M］. 北京:机械工业出版社,2015.

[6] 肖军民. UG 数控加工自动编程经典实例教程［M］.2 版.北京:机械工业出版社,2015.

[7] 周晓宏. 数控铣削工艺与技能训练:含加工中心［M］. 北京:机械工业出版社,2011.

[8] 马俊,成立. 加工中心编程与操作项目教程［M］. 北京:机械工业出版社,2013.

[9] 淮妮,张华. 数控编程项目化教程［M］. 北京:清华大学出版社,2014.